初等相対性理論

An Introduction to Special Relativity

新装版

高橋 康
Takahashi Yasushi

講 談 社

本書は，小社より 1983 年 11 月に刊行した『初等相対性理論』を
新装版として再出版するものです．

まえがき

　特殊相対性理論は勉強してみたいが，どうも微積分がこわい．かといって，通俗的な説明では物足りないと思うような読者を頭にうかべて書いてみたのが本書である．数学を全然使わずに相対論を説明したのでは，やはり通俗書の域を出られないにきまっているから，そうはしなかった．

　第 III 章の Einstein の惰性系の説明の終わりまでに使った数学は，三角法と，高校の初歩的微分積分だけである．そのために，できるだけ空間時間図形に頼って話をしたり，計算をしたりする方法を紹介した．この方法，つまり紙の上に空間時間の画をかいて，相対論において物差しやコンパスをそのまま使って計算する方法——これを Euclid 測度による図形の方法と仮によんでおく——は，今まであまり使われたことのない方法である．したがって，伝統的な方法で相対論を勉強した方には，かえってなじめないものであるかもしれない．もうすでに相対論を勉強された方が，この本を読まれることもないと思うが，4 次元空間の vector 解析などを知らずに，棒の長さの縮みや，時計の遅れなどをはじめて計算する初学者には，たいへん教育的であると信ずる．

　この Euclid 測度の図形の方法のおかげで，先ほどいったように，第 III 章の終わりまでは高校の微積分と三角法しかいらない．原理的には，高校生でもわかるはずのものである．ここまでのお話で，Einstein のいう惰性系とはどんなものかという議論は終わる．

　最後の第IV章では，それまでの議論を形式的に整備し，Maxwell の電磁気の理論を相対論的に不変な形に書き直し，また Newton の力学を相対論化する仕事を紹介した．この章の最後の節では，特殊相対性理論の応用として相対論的運動学を簡単に扱っておいた．この章では，4 次元空間におけるテン

ソル解析のほんの初歩的なことが使われるだけである．しかし，それは，はじめに説明したから，あらかじめテンソル解析を知る必要は全然ない．私を見ならえとはいえないが，だいたい私自身，高級な数学など全く知らないで，長年，理論物理をやってきたのだから，世の中とは変なものであると言わざるを得ない．

　ただし，この章ではつい著者の地金が出てしまって，話がだいぶむずかしくなったようである．

　一般相対性理論には，この本では全然ふれなかった．付録は全く気まぐれである．

　この本を書いている間，度々友人と駄べって自分の考えをディスカスしたり，批判してもらった．特に Harry Schiff のオフィスには毎日のようにおちこんで，ずい分時間をとって申しわけなかった．中国の友人，杜兆華との会話にも感謝しなければならない．

　なお，校正の段階で，なみなみならぬご協力を頂いた豊田　正博士に感謝する．

　　1983 年 8 月

高橋 康

目次 contents

第**0**章

わたしと相対論

　旧制中学を出て浪人していた頃，私は松隈健彦先生の天文学新話という少年むきの本を買って，感激して読んだおぼえがある*. アインシュタイン効果（光が太陽のそばを通ると曲るということ）のお話，Bradley の光行差のお話，Eddington の恒星内部構造論，白色矮星の話など，私のいまもっている知識は，この本によって学んだものの上に，その後の耳学問が少々重なっただけである．松隈先生の美しい筆遣いに私はずい分感銘をうけたらしく，ところどころに残っている私自身の素朴な書き込みをいま読んでみると，なかなかほほえましい．私が物理学をやることになった重大な責任は，この本などにあると思う．

　しかし私は，天文学や，宇宙論や，一般相対性理論を専門に選ばなかった（それには少々わけがあるのだが，これは，うらみごとになるからふれないでおこう）．物理学を専門にすることが決まってから（つまり大学の物理学科に入ってから），私は，相対性理論をちゃんと勉強した記憶が全然ない．大学で相対論の講義があったような気もするが，私はおそらく，サボリ続けたのであろう．全然記憶にない．何も習わなかったことだけは確かである．だいたい当時は，相対性理論は物理学というよりも数学的な面の方が強くて，一般相対論がブラックホールなどと関連して物理学に復活したのは，ずーっと

---

* 　松隈健彦著『天文学新話』学習社，昭和 17 年発行，定価 六拾五銭. 2 万部印刷されている.

あとの 1960 年代である.

　しかし，私は，一般相対論が物理学に復活するずっと以前，矢野健太郎先生の名講義に魅わくされて，微分幾何学をかじろうとした（かじったとはいわない）ことがある．おそらく，松隈先生の本を読んだ直後の夢多き時代のことであろう．当時，買った矢野先生の『初等リーマン幾何学』*には，さすが歯がたたなかったとみえて，書き込みは全然見あたらない．40 年間，一生懸命，つん読した形跡しかない．しかし矢野先生の講義に出てきた Frenet-Serret の公式などが，ぼんやりと頭の中に残っていた．Frenet-Serret の公式と『初等リーマン幾何学』とには，あとでまたふれる.

　先ほども言ったように，当時は相対性理論は，アカデミックな数学的な色彩が強く，大学の物理科ではあまり真剣にとりあげられなかったのであろう．私もつい，まじめに相対性理論を勉強する機会がないままであった．特殊相対性理論に話を限っても，電磁気学や場の理論に関連して，何となく慣れてしまった以上の努力をした記憶はない．相対論の内容など知らなくても，共変形式の扱い方を少々知っていれば，相対論を専門としない物理屋の間では，何となくボロを出さないですむ.

　ところが，北米の生活に少々いや気がさした私は，大西洋を渡って，アイルランドはダブリンの高等科学研究所で，Schrödinger のもとで勉強することに決めた．私がダブリンに着いたのは，しかし，Schrödinger が健康のためすでにウィーンへ帰ってしまったあとだった．ダブリン高等科学研究所理論物理学教室には，所長の Synge（歌をうたうという言葉 'sing' とほとんど同じ発音）と，もう 1 人のシニヤープロフェッサーの Lanczos（ランチョス）がいた．両方とも，相対性理論の権威である．ただ，そればかりでなく，Einstein や Schrödinger と同じく，量子論や場の量子論についての解釈問題に関して，非常に批判的な哲学をもった人たちである．Synge 先生の方は，彼の著書（文献 12）から読みとれるように，たいへん厳密な幾何学者であり，Lanczos 先生の方は，ベルリン時代の Einstein の弟子で，統一場理論その他

＊　矢野健太郎著『初等リーマン幾何学』考え方研究社，定価 二円九拾銭．発行は，昭和 17 年，第 1 刷 2,000 部．さらに次の年に第 2 刷 2,000 部が出ている．4,000 人もの学生が，リーマン幾何学をかじろうとしたことになる！

に興味をもった非常に幅の広い教養をもった人物であった．私は，日本にいた時も，北米にいた間も，このようなタイプの物理学者には会ったことがなかったし，こんなタイプの物理学者がいることすら知らなかった．私はひどくとまどってしまった．

　この時代の思い出話をしていたらきりがないので，話をとばすが，やがて私には，研究所での毎日のお茶の時間がたのしみになった．これらの老教授をまじえて毎日いろいろな話題，人間，芸術，哲学，音楽，宗教，文学，歴史，もちろん物理学，数学にわたる話題が毎日のようにくりひろげられていく．

　数学と物理学の話題では，やはり古典物理学，一般相対性理論についてのものが多かった．共変形式の簡単な取扱いしか知らない私も，この tea-time のおしゃべりを通じて耳学問が断然増えていった．微分幾何学や一般相対論に出てくる，いろいろな名前のテンソルやベクトル，それから方程式，いろいろな名前の操作など，内容はともかくとして，名前はもう耳新しいものではなくなった．

　特に，Synge 先生が，相対論の問題を考えるとき，問題点を黒板の上に画かれた空間時間図形で表現してゆかれる手法のうまさには，全く感心するほかはなかった．粒子でも波でも媒質でも何でも，空間時間図形で表現されてしまう．こんなものをどうやって，たった2次元（空間1次元時間1次元）の空間時間図形で表現できるのかしらと思って見ていると，たちまち納得のいく図形ができてしまう．空間時間図形でよく考えて，何を計算したらよいかという目標をはっきりさせてから，細かい計算に移っていく．

　その Synge 先生に私が驚かされたのは，空間時間図形の上手さばかりではなく，先生がはじめて相対性理論の勉強をはじめたとき，さっぱりわからなかったという正直な告白であった．えらい物理学者を見ていると，つい，彼にだっていろいろとわからないことがたくさんあるということを忘れてしまう．自分の力不足をつくづくと感じるものだが，実は力不足なのではなくて，勉強不足か努力不足によることの方が多いのではないか．自分なりにコツコツと，第1原理から納得のいくように積み上げて定式化していく努力の方が足りないことが多い．本に書いてある説明がわからなかったら，すぐ投

げださないで，その説明にこだわらず，自分で考え直してみることである．個人個人，考え方に嗜好があるから，他人が言ったり書いたりした説明など，そのままでは，わからないことの方が多い．それがわからない時に，そのまま投げ出すか，自分なりに理解できる方法を案出する努力をするかの違いだけであろう．ただし，自分にわからないことの数は絶大だから，それを全部自分のわかるように考え直していると，何時までたっても先へ進むことができなくなる．したがって，ある種の疑問には，自分で答を探そうとしないで，えらい人の言うことを，ウのみにしておくことも必要である．

　つい話がそれてしまった．私の言いたかったのは実はこんなことではなくて，Synge 先生でも，はじめは相対性理論がわからなかったと言われたこと，それから，Minkowski が4次元空間における幾何学的な考え方を導入したとき，はじめて相対性理論がわかりはじめたとも言われたことなのである．つまり，Synge 先生のような努力家ですら，Einstein のオリジナルなスタイルは，そのままではわかりにくく，Minkowski のスタイルの方が彼に合っていたということである．人には，各自，自分に合ったスタイルというものがある．自分のスタイルに合わなければ，いくら声を大にして説明してくれたって，“ワシにはわからん！”と言わざるを得ないことがあるものである．

　ついでに書いておくと，ダブリンの研究所の tea-time で，よく Synge 先生と Lanczos 先生の意見が正面衝突したことがあった．特に面白かった（面白いと言っては申訳ない！）のは，Einstein に対する2人の先生の評価の違いなのである．Synge 先生には，やはり Einstein のスタイルは気にくわないらしく，冗談まじりに“Einstein は数学を知らなかった”とか，“Einstein がもし数学を知っていたら，こんなやり方はしなかっただろう”とか度々いわれた．そのつど，Einstein 絶対尊敬の Lanczos 先生が，むきになって反対される．“くり返して出てくる添字については，いつでも和をとる”という，和に関する規約が，Einstein の最大の数学的発見だという話を聞いたのもその頃である．

　お茶の時間とは別に，毎週水曜日の午後，理論物理のセミナーがあった．やはり素粒子論や場の量子論関係のものよりも，応用数学や一般相対論関係

のお話が多かったようにおぼえている．いくら門前の小僧といっても，自分でコツコツと勉強したことのない私には，一般相対論の専門的な話はほとんどわからなかった．セミナーのあと，Synge 先生が，空間時間図形でもかいて，結局こういうことなんだねといわれるのが待ち遠しかった．

　実をいうと，この頃，私には一般相対論をちゃんと勉強してみようという気持すら全然なかったのである．一般相対論に興味をもって，ダブリンに集まってくる者はウヨウヨいる．何で自分が，これらの連中と張りあわなければならないのだという気持の方が強くて，なかなかなじめなかった．第一，空間が曲っているんじゃあ"ワシは道を迷ってしまう"と思って，セミナーなどでは小さくなっていたわけである．1960 年頃から，一般相対論が妙に物理学らしくなってきたことを今から思うと，その当時，もう少しちゃんと勉強しておくべきだったと残念に思う．

　場の理論屋の間で，一般相対論や宇宙論やゲージ理論が度々話題になるようになったのは，1970 年代の半ば以降であろうか．ブラックホールなどというものが妙に人々の好奇心をかりたてる．タキオンへの興味は下火になったようだが，宇宙の創生時などの問題も物理学的に問題にされるようになった．

　宇宙論の方とは無関係に，ゲージ理論の発展の延長として，現代の素粒子論の困難が，今まで，重力の影響を無視してきたことによるのではないかという反省もされるようになった．重力場を量子化された場の仲間に入れて，素粒子論の困難を解決しようという努力もなされるようになった．素粒子論屋や場の理論屋の間でも，もう一般相対論を無視してはおられない状況である．素粒子は点模形から，紐模形，一般にひろがった粒子像が要求されている時代である．点粒子が動くと線になる．紐粒子が動くと面になる．このようにひろがった粒子が動くと，動く分だけ次元が 1 個ふえる．4 次元空間でこれをながめたとき，これらが線や面や立体なのである．これらの線や面や立体は，他の物体と相互作用していなければ，まっ直な線であったりまっ直な面であったりするであろうが，一般には他の物体からの影響を受けるから，4 次元空間の中で，グニャグニャと曲った線や面や立体などを考えなければならない．

　このような，4 次元空間の中のグニャグニャしたものを，どうやって物理的に表現したらよいかしら……と，私は 2 年ほど前に考えていた．単にグニャグニャしたものなら，微分幾何の曲面論を少々改造して使えば足りるかもしれない．しかし，ここで問題にしたいのは，運動の結果としてのグニャグニャである．これをどう扱えばよいか？

　場の量子論によると，極めて大まかに分けて，素粒子と考えられるものには 2 種類ある．その 2 種類への分け方にも，2 種類ある．一方は粒子の従う統計によるものであり，それによって，Fermi-Dirac 形と Bose-Einstein 形に分けられる．これらの粒子をそれぞれ簡単に fermion, boson とよぶ*．電子，陽子，中性子，中性微子などは fermion であり，光子，中間子などは boson である．もう 1 つの分け方は，粒子のもつ自転のための角運動量（つまりスピン）によって分けるやり方である．Planck の定数 $(\div 2\pi)\hbar$ を単位とすると，角運動量 $\frac{1}{2}, \frac{3}{2}, \frac{5}{2}, \cdots$ をもつ半奇数形と，$0, 1, 2, \cdots$ をもつ整数形とに分けられる．半奇数形の粒子には，電子，陽子，中性子，中性微子などがある．整数形の粒子には光子，中間子，もしあるとすれば重力子などがある．

　ところで，これら 2 つの分類の仕方を比べて見るとどちらの分け方をしても，結果は変わらないようである．上にあげた例では，fermion はいつでも半奇数形であり，boson はいつでも整数形になる．これには，何か深いわけがあるのであろう．つまり，粒子の従う統計と，そのもつスピンには，何か切っても切れない関係があるわけである．この切っても切れない関係を示したのが，Pauli の定理である．Pauli の定理によると，**相対論的**場の量子論では，半奇数スピンをもった粒子は必ず fermion であり，整数スピンをもった粒子は必ず boson でなければならない．この定理の証明には，次の 2 つの条件を使う．

　ⅰ）エネルギーは負であってはならない．

　ⅱ）微視的因果律，すなわち，空間時間のある点における量子力学的観測

＊　これらの単語には，普通名詞のように小文字を用いる．大文字を用いても悪くはない．

の効果は光より速い速度で他の空間時間点に伝播しない.

　この第 2 番目の条件を見ればわかるように, Pauli の定理の証明には, 実際に観測可能なものに対して, 微視的因果律が成り立つということが本質的である. この定理は, かくて, 相対論的場の量子論を支える強い支柱となってきた.

　ところが, 前にもふれたように, 相対論的場の量子論は, なんらかの意味で大きさをもった粒子を問題にしなければならない段階にきている. 素粒子の中の方に, クォークとかグルーオンとかいったわけのわからない粒子が存在することを仮定し, しかも, これらのクォークやグルーオンは, 実際に観測されていないので (これは実験屋の努力が足りないのか, 理論屋の努力が足りないのか, いまのところ明らかでない), いったん導入した粒子が外に出てこないような, 閉じ込める機構を考えなければならない. どうしても外に出て観測にかからないような粒子なら, さっきの, Pauli の定理の成り立つ条件はきつすぎるかもしれない. それは**観測量について**微視的因果律が成り立つことを要求するからである. どうせ観測できないものなら, 因果律の仮定はいらないのではないか? そうすると, Pauli の定理は破れて, スピンと統計の間には理論的な関係がなくなることになる.

　整数のスピンをもった場を取扱うには, 通常, スカラー, ベクトル, テンソルなどの量が使われる. 一方, 半奇数のスピンをもった場は, スピノールという量で表現される. スピノールという量は, 古典物理学においてはあまり活躍したことのない量で, 量子力学以後に発見された量である. 歴史的には, 量子力学以後に発見されたが, これは量子力学とは直接関係がなく, 純古典的に定義できるものである (つまり, Planck の定数と無関係に定義できる). ちょうど, スカラーやベクトルを, 座標系の回転に対する性質によって定義するように, スピノールも, 座標系の回転によって定義される. 重要な点は, スピノールというのは 2 価の関数で, スカラーやベクトルなどが 1 価の関数であるのと本質的に異なった量である (たとえば, スピノールは座標系を 360° 回転しても, もとのスピノールには戻らず, 符号が逆になる. もう 1 回 360° 回転すると, もとに戻る).

　ところで，このスピノールという量はスカラーやベクトルよりも，より基本的な量と考えられてきた．というのは，スピン $\frac{1}{2}$ をもったスピノールと，もう 1 つスピン $\frac{1}{2}$ をもったスピノールとをかけ合わせると，スピン 0 をもったスカラーと，スピン 1 をもったベクトルが作られるからである．この逆，すなわち，スピン 0 のスカラーと，スピン 1 のベクトルをいくら組合わせても，スピン $\frac{1}{2}$ をもったスピノールは作れない．したがって，素粒子の統一場理論などを作ろうとする場合，スピノール一元論は可能であっても，テンソル（スカラーやベクトルなどを全部いっしょにしてそう呼ぶ）一元論の可能性は全然ないように見える．

　しかし，実は，この結論は早合点であって，テンソル量からスピノール量を作ることも必ずしも不可能ではないことが，最近だんだんとわかってきた．テンソル量が，単に，ばらばらに存在したのでは，それからスピノール量を作ることはできないが，何個かのテンソル量が，何か束縛条件で結びつけられている場合（たとえば，2 個のベクトルが，いつでも直角を向いているような場合），それがスピノールとして振舞うことがある．

　私は，2〜3 年前から，このことが妙に気になりだした．そこで，スピノールとテンソルの関係を極めて一般的に調べてみることにした．これは私には，相対論のたいへんな勉強になった．

　まず，4 次元空間の至るところで，4 本の互いに直交するベクトル（これをテトラドという）が与えられていると，これから，2 価関数のスピノールがいつでも作られるということがわかった（40 年間も，こんなことを知らないで過してきたのが恥しいくらいである）．また，その逆にスピノールが与えられていると，いつでもテトラドが作れる．そうすると，スピノールの方がベクトルなどよりも基本的な量であるという，今までの直観が完全に崩れてしまうことになる．このお話を続けると，きりがないし，我田引水になりかねないので，少々先を急ぐことにしよう．

　40 年くらい前に，矢野先生の微分幾何学の講義で耳にした，Frenet-Serret の公式というのが，ここでなんとなくよみがえってきたのである．本棚にある微分幾何学の本をめくって見たら，あるある．

　3 次元空間の中の 1 つの曲線を考えよう．この曲線の各点には，1 つの接

線と 2 つの法線とが考えられる. これらは 3 本のベクトルで, テトラドには
ならないが (3 本の場合は, トライアドという), この 3 本のベクトルが, 曲
線に沿ってどう変化していくかを示すのが Frenet-Serret の公式なのであ
る. 同じことを 4 次元空間でやると, 4 次元空間における Frenet-Serret の
公式ができる. つまり, 3 次元空間の中を運動している質点は, 4 次元空間で
は 1 本の曲線で表わされる. そしてその曲線上の各点では, 1 本の接線と, 3
本の法線が考えられ, ちょうどテトラドができる. このテトラドが, 4 次元
空間中の曲線に沿って, どう動いていくかを示すのが, Frenet-Serret の公
式である. 前に言ったように, テトラドがあると, 1 つのスピノールが作れ
るから, Frenet-Serret の公式というのは, 1 つのスピノールの方程式で置き
かえられるにちがいない. そう考えて, 少々スピノールをいじくってみた
ら, うまいぐあいに, 4 次元空間における Frenet-Serret の公式が, 簡単な 1
個のスピノールの方程式で書けてしまった. 私は, 早速相対論専門の友人に
話してみたら, 彼は何かこれに関係しているらしい論文を教えてくれた. 図
書室に行って, その論文を読んでみたら, なーんだ, こいつが先に同じこと
をやっているではないか! 私はもちろんがっかりした. Frenet-Serret の
公式のスピノール化ということは, もう誰かにやられてしまっている. この
論文を教えてくれた友人にこのことを報告し, 感謝すると, 彼がなぐさめて
くれた. "優秀な物理屋というものは, 外見上たとえ同じことをやっても, 内
容は充分独創的でちがっているものだよ" と. いや, やはり, どう考えても,
この論文の内容と私のやったことは同じである (よく考えてみたら, 私の友
人が言ったことは真実かもしれないが, 彼は, 私が優秀な物理屋と言ったわ
けではないことにあとで気がついた).

　曲線の場合のスピノール化が, もうやられているのなら, たとえば, ひも
のような 1 次元のひろがりをもったものが運動した場合の, 2 次元の物につ
いて, スピノール化はできないかしらと私は考え出した. 直観的にいうと,
4 次元空間の中の, 2 次元の曲面上の 1 点では, 2 本の (直交した) 接線と,
2 本の直交した法線とが考えられる. すると, これはまたテトラドである.
このテトラドが曲面上をどう変化していくかを, Frenet-Serret の公式のよ
うに表現できれば, この曲面がまたスピノール化できる. しかし, 私はここ

で行きづまってしまった．私の微分幾何の実力ではこんなことは手におえない．

　私は，数日をポカンと過した．本棚の横に立って勝手に古い本などペラペラとめくっていたのであろう．このとき，ふと目についたのが，矢野先生の『初等リーマン幾何』の"平坦な空間中の部分空間"という第 6 章である．40年間手もふれなかった貳円九拾銭の本の中に，全くおあつらえむきの議論が出ているのである．私は夢中になって勉強した．40 年間つん読した甲斐があって，今度は，すらすらと理解できた．ダブリン時代の耳学問の助けもあったのであろう，矢野先生の本には，こんなことが書いてあったのか，とはじめて納得できたような気がした．このおかげで，4 次元空間中の，2 次元，3 次元の物を，すべて簡単にスピノール方程式で表わすことができることもわかったし，これで，曲った空間などがちっともこわくなくなった．これで，矢野先生に申し訳けも立つというものである．

　下らない話がずい分長くなってしまった．この話から，むずかしい数学などほったらかしておいて，わかるようになるまで待とうという態度をとるか，数学は無理してもうんと勉強しておくべきだと考えるべきであるととるかは，各自で，事情に応じて決めるほかないと思う．

　この本は，特殊相対論の初歩を，あまり数学にこだわらずに理解しようとする読者を対象としている．しかし，数学なしにただ相対論に関するお話だけ読みたいのなら，すでに良書はたくさんすぎるほどあるので，それらはいっさい割愛した．相対論において，物の長さが短くなるとか，時計が速く時を刻むとかいう結果のミステリーにはあまり気をとられないで，そのような結論に至る論理的道すじの方を，よく理解するように心がけてほしい．

　相対性理論ほど，SF 小説に利用されやすい物理の分野は他にないであろう．しかし，その反面，相対性理論ほど論理的にがっちりとできている物理学理論もないであろう．極端にいうならば，一般相対性理論にはその論理的構造に説得力があるのであって，実験とあうという面は二の次であるといってもよいほどである．そのような理論がまた，ほとんど Einstein ただ 1 人の手によって完成されたということも，科学史上特異なことであろう．

第 Ⅰ 章

Newton 力学と空間時間図形

§1. Newton 力学と惰性系

Newton 力学の公理

Newton 力学が，次の 3 つの基本法則の上に成り立っていることは周知であろう．つまり，

1) いかなる物体も，外界からの影響を受けない限り，一直線上を一定速度で運動する．
2) 物体の運動量（ここでは，質量と速度の積）の時間的変化は，その物体に働く力に等しい．
3) 2 つの物体が互いに作用を及ぼすとき，作用と反作用とは，常に大きさが等しく，反対の向きをもつ．

以下，これら 3 つの法則について考えてみよう．

まず，全体の法則が，いつ，いかなる人間に対しても成り立つわけではなく，特別の人間に対してだけ成り立つものであることは，すぐわかるであろう．いま，自分が自動車の乗客であったとしよう．自動車が一定の速度（方向まで含めて）で走っている限り，自分は自動車に固定された座標系に対して静止している．しかし，自動車が加速されると，自分はうしろに引っぱられる．自動車が曲ると，自分は横に引っぱられて，自動車に固定された座標

系では，明らかに第 1 の法則が破れる．

　それればかりではない．第 2 の法則もついでに破れてしまう．すなわち，自動車が曲ると，それに固定した座標系では，外力が働かないのに自分の運動量は変化する．このことを"見かけの力が自分に働く"と表現してもよいが，あくまでもそれは見かけの力であって，自動車が曲らなければ元来存在しないものである．道路に固定した座標系に対しては，自分はやはり直線運動をしている*．自動車の場合は，道路に固定した座標系だの，自動車に固定した座標系だのと，割合に具体的に座標系を指定することができるが，早い話が道路に固定した座標系だって，地球自身が動いていることを考えると，自分が本当に等速運動をしているのか否か，わかったものではない．もっと話をひろげて，地球の運動も宇宙の重心に対して，どんな運動をしているのだろうかと問いたくなる．

Galilei の相対性

　すると，いったい，Newton の運動法則とはどんな座標系で正しいのだろうか？　宇宙の重心に対する自分の運動がわからなければ，Newton の運動法則は役に立たないものなのだろうか？　しかし実際に，われわれが Newton の方程式をたてて力学の問題を解こうとするときには，こんなこと，つまり，宇宙の重心に対して，われわれがどんな運動をしているかなど，全然気にしないで事を運ぶことができる．

　これは，実をいうと Newton の運動法則が，**Galilei の相対性原理**を満たしていることによる．このことを以下に説明しよう．

　まず，ある 1 つの座標系で，Newton の法則が成り立つとしよう．言いかえるならば，Newton の法則が成り立つような 1 つの座標系が見つかったとする．そうすると（力 **F** が，物体の速度によらないようなものである限り），この座標系に対して定速度で動いている別の座標系に対しても，Newton の法則は成立する．もし，道路に固定した座標系で Newton の法則が成り立つ

---

*　われわれは，この見かけの力をよく利用することがある．びんの中から，ケチャップをおし出す時などを思い出すとよい．

ならば，**定速度で走っている**自動車の中でも Newton の法則は成立する．また，この逆も真理である．これを **Galilei の相対性**と呼ぶ．数式を用いてこれを説明すると，次のようになる．

Newton の法則が成立する座標系における，ある物体の位置を vector $\boldsymbol{x}$ で示し，その座標系に対して速度 $\boldsymbol{V}$ で動いている座標系におけるその物体の座標を $\boldsymbol{x}'$ とするとき，$\boldsymbol{x}'$ と $\boldsymbol{x}$ とは

$$\boldsymbol{x}'(t) = \boldsymbol{x}(t) - \boldsymbol{V}t \tag{1.1}$$

の関係にあるだろう．この式を t で微分して，物体の速度の関係を求めると

$$\frac{d\boldsymbol{x}'(t)}{dt} = \frac{d\boldsymbol{x}(t)}{dt} - \boldsymbol{V} \tag{1.2}$$

が得られる．左辺は第 2 の座標系における物体の速度，右辺第 1 項は，第 1 の座標系における同一物体の速度であって，$\boldsymbol{V}$ は第 2 の座標系の，第 1 の座標系に対する速度である．したがって，式 (1.2) から明らかなように，第 1 の座標系で $d\boldsymbol{x}/dt$ が一定ならば，第 2 の座標系では $d\boldsymbol{x}'/dt$ が一定で，$d\boldsymbol{x}/dt$ とは式 (1.2) で結ばれている．つまり，Newton の第 1 法則は両系で成り立つ．

Newton の第 2 法則の方も，式 (1.2) をさらに t で微分して加速度の関係を求めると

$$\frac{d^2\boldsymbol{x}'(t)}{dt^2} = \frac{d^2\boldsymbol{x}(t)}{dt^2} \tag{1.3}$$

となり，両座標系において，それらの相対速度 $\boldsymbol{V}$ によらず，加速度は同一となる．したがって，力があまりとっぴなものでなければ，Newton の第 2 法則も，ダッシュのついた第 2 の座標系で成り立つ*．

同時性

今まで実は何も言わなかったが，変換 (1.1) をながめてみると，右辺は $\boldsymbol{x}$ と t を含み，左辺は $\boldsymbol{x}'$ を含んでいる．したがって，このままでは $(\boldsymbol{x}, t)$ という 4 個の変数から $\boldsymbol{x}'$ という 3 個の変数への変換であって，ちょっと都合

---

* たとえば，力が系の外から加えられたようなものであると具合が悪い．これは，Newton の第 3 法則に関連して，p.29 で議論する．

がわるい[*1]．というのは，（1.1）を逆に解いて，x や t を x' の関数として表現することができないからである．しかし，x に対して V で走っている観測者も，x の観測者と同じ時刻をもっているというのが通常の考え方だから，それぞれの時刻を t' と t とすると

$$t' = t \tag{1.4}$$

である[*2]．実は，（1.1）から（1.2）を計算して，その左辺が第 2 の観測者の見た速度だといったとき，すでに（1.4）を仮定していたのである．式（1.4）は，Newton 力学では，あまりあたり前のことだから，一々書き出さないことが多い[*3]．

Galilei 変換と慣性系

式（1.1）と（1.4）をいっしょにすると，これらは 4 個の変数 (x, t) と，別の 4 個の変数 (x', t') の間の変換として，数学的には都合のよいものとなる．すなわち (x, t) を指定すると (x', t') が唯一に定まり，また逆に，(x', t') を指定すると (x, t) が唯一に定まる．

もう一度，式を書き出しておくと，

$$x' = x - Vt \tag{1.5a}$$
$$t' = t \tag{1.5b}$$

が，(x, t) から (x', t') への変換である．これを，(x, t) から (x', t') への **Galilei 変換**とよび，"Newton の法則は Galilei 変換に対して不変である" と表現してもよい．したがって，ある系で Newton の法則が成立すれば，その系に対して Galilei 変換で移れる（すなわち，はじめの系に対して等速運動をしているすべての）系で，Newton 力学が成り立つことになる．Newton 力

[*1] 古典力学に話を限れば，（1.1）を (x, t) の変換と考える必要はなく，時間 t は単なる parameter とし，x から x' への変換と考えても差支えない．しかし，この考え方を，空間を伝播する波などを扱う場合に拡張するには，(x, t) の 4 変数を考える方が自然なのである．事実 (x, t) の 4 変数の間の変換と考えることによって，Einstein の相対性理論への途が開けてゆく事情は，以下に説明する通りである．

[*2] つまり，走っている自動車の窓から，道路上にいる友人にデートの時刻を告げる場合，自分の時計で指定すれば，相手の時計も全く同じはずだから，誤解はおこらない．

[*3] しかし相対性理論では，（1.4）は成り立たなくなる（ついでに（1.1）の方も変わる）ので，同時刻の概念が Newton 力学の時と根本的に変更されることになる．

学が成り立つすべての系を**惰性系**（この"系"はもちろん複数）ということは周知であろう.

【注　意】

⑴　Newton の力学法則が, Galilei 変換（1.5）によって不変であるという事実は, それが単に, 原理的に重要であるというばかりでなく, 実用の上からもたいへん便利なものである. 運動法則が Galilei 変換に対して不変であることが保証されていると, 運動方程式を解く場合, 自分が勝手にもうけた, 問題の解きやすい惰性系を導入して問題を解き, それから（1.5）の Galilei 変換をほどこせば, 任意の惰性系における式が得られるからである.

　もし不変性がなければ, このようなうまい話は成り立たない. 一々, 別の座標系で, 別々に運動方程式をたてて, 別々に解かなければならない（そのような例については付録 A 参照）.

⑵　Galilei 変換の式（1.5）をもう少し一般化して,

$$x_i' = \sum_{j=1}^{3} a_{ij} x_j - V_i t \qquad i = 1, 2, 3 \tag{1.6a}$$

$$t' = t \tag{1.6b}$$

とすることもできる. ただし, a_{ij} は, 時間や x_i によらない定数で,

$$\sum_i a_{ij} a_{ik} = \delta_{jk} \tag{1.7}$$

を満たすものである. これは第 1 の座標系をある軸のまわりに回転して（それが a_{ij} の役目）, それから Galilei 変換（1.5）をほどこしたものにすぎない.

⑶　Newton の法則を不変に保つ変換は, 言うまでもなく, Galilei 変換に限られない. やはり, 力があまりとっぴょうしもないものでなければ, 座標系の回転（これはグルグルと回転し続ける変換ではなく, 単に異なった方向に x 軸や y 軸をとったという意味）に対しても不変である. また, 座標の原点を移動した別の座標系でも, Newton の法則は成り立つ.

⑷　解析力学の理論によると, Lagrangian または Hamiltonian がある変換に対して不変であれば, 保存則が成り立つ. そこで重要なことは, 運動

方程式のある変換に対する不変性は，一般には保存則に結びつかないということである．文献 14）高橋（1982）参照.

(5)　Galilei 変換 (1.5) をいったん受入れると式 (1.2) からわかるように，速度の合成則が決まってしまう．すなわち，ある座標系に対して速度 $\boldsymbol{v}$ で走っている粒子を，その座標系に対して速度 $\boldsymbol{V}$ で動いている座標系でながめると，速度は

$$\boldsymbol{v}' = \boldsymbol{v} - \boldsymbol{V} \tag{1.8}$$

である．したがって，この速度合成則を利用すると，Newton 力学においては，粒子の速度というものはいくらでも速くなりうる．つまり，速度の上限というものはありえないことになる.

相対性理論では，光速度より速い速度というものはありえないので，Galilei 変換 (1.5) を変更しなければならなくなる．したがって，これに対して不変にできている Newton の法則も変更せざるをえなくなる（第 IV 章参照).

§2. 空間時間による考え方

空間時間図形

前節では，Galilei 変換 (1.5) を，4 個の変数 $(\boldsymbol{x}, t)$ ともう 1 つの 4 個の変数 $(\boldsymbol{x}', t')$ の間の線形変換とみなしてきた．あとで出てくる Lorentz 変換と比較するときのために，もう少し抽象的に書いておくと，Galilei 変換は

$$x_\mu' = \sum_\nu G_{\mu\nu} x_\nu \tag{2.1}$$

という格好になる．ただし，

$$x_0 = t, \ x_1 = x, \ x_2 = y, \ x_3 = z \tag{2.2}$$

かつ

$$G_{\mu\nu} = \begin{bmatrix} 1 & 0 & 0 & 0 \\ -V_1 & 1 & 0 & 0 \\ -V_2 & 0 & 1 & 0 \\ -V_3 & 0 & 0 & 1 \end{bmatrix} \tag{2.3}$$

であり，ν の和は，$0, 1, 2, 3$ について行う．$G_{\mu\nu}$ は，2つの座標系の相対速度 V だけで決まる．

実をいうと，(2.1) の線形変換は，見かけによらず，その数学的性質，特に幾何学的性質が複雑である．したがって，これ以上議論しないで，以下では，Newton 力学を空間 x と時間 t（すなわち 4 次元空間！）によって図示することを考えよう*．ただし，4 次元空間そのままを相手にするのはめんどうだから，空間の方は 1 次元か，たかだか 2 次元に制限することにしよう　物理屋の習慣に従って，時間をいつでも上にとることにすると，1 次元空間と時間から成る 2 次元空間は図 1.1 のようになる．空間の方を 2 次元にし，時間と組合わせて 3 次元空間を考えると，図 1.2 のようになる．

1 次元空間を一定の速度 v で走っている粒子を図示すると，図 1.3 のようになる．線 AB が点粒子の絵である．このように 4 次元空間（ここではそれを 2 次元にしてしまったが）における点粒子の絵を簡単に**世界線**（world line）という．この粒子の速度 v が大きければ大きいほど，世界線 AB は横に傾くことになる．世界線 AB が t-軸となす角を α としたとき

$$\frac{dx}{dt} = \cot\left(\frac{\pi}{2}-\alpha\right) = \tan\alpha \tag{2.4}$$

が成り立つ．したがって，世界線 AB が x-軸に垂直なら，粒子は静止してお

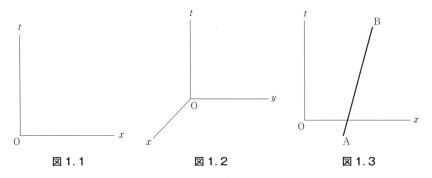

図 1.1　　　　図 1.2　　　　図 1.3

---

*　4 次元空間など図示できるはずがないとあきらめてはいけない．昔々，ある 4 次元空間の専門家のお宅で，私は 4 次元空間における球の図を見せていただいたおぼえがある．3 次元の物体の図を 2 次元の紙に書く場合にも，投影法を使うとか，3 次元空間を薄い層に分けて各層を別々に見るとか，いろいろな手がある．

り，世界線 AB が完全に水平なら，その粒子は無限の速度でとんでいるということになる．

重力場の中の粒子

もう少し複雑な場合として，粒子を重力場の中で垂直に上方に投げた場合の世界線を考えてみよう．この粒子の質量を m とすると，Newton の運動方程式は

$$m\frac{d^2x}{dt^2} = -mg \tag{2.5}$$

である．g は地球の表面における重力の定数，x は，粒子の地表からの高さとする．(2.5) は直ちに解けて

$$x(t) = -\frac{1}{2}gt^2 + v_0 t + x_0 \tag{2.6}$$

であるから，この粒子の世界線は図 1.4 のような放物線となる．言うまでもなく，x 軸上の点 x_0 は，粒子が打ち上げられた瞬間における高さ，点 x_0 における線の傾きが初速度 v_0 に関係している．

粒子の世界線上の任意の点 P における粒子の速度を求めるには，点 P において接線を引く．その接線と t 軸との角を α とすると，図からわかるように

$$\frac{dx}{dt}\bigg|_P = \cot\left(\frac{\pi}{2} - \alpha\right) = \tan\alpha \tag{2.7}$$

である．したがって，世界線上の点 P における粒子の速度は，その点における世界線の接線が，t-軸となす角の tangent で与えられる．

垂直上方に投げられた粒子が最高の高さに達する時刻などを求めようと思ったら，図 1.4 をながめていただけでは正確なことはわからない．やはり，数式 (2.6) にもどって，速度が 0 のところ，すなわち (2.6) を時間について微分して 0 とおき

$$0 = -gt_{max} + v_0 \tag{2.8}$$

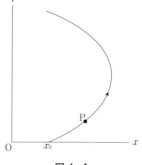

図 1.4

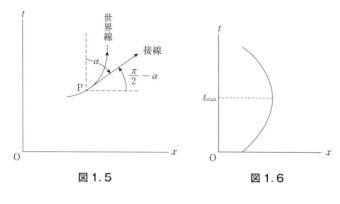

図 1.5   図 1.6

$$\therefore\ t_{\max} = v_0/g \tag{2.9}$$

とする．つまり，空間時間図は概念を理解するための定性的な議論にはたいへん便利だが，定量的な議論をするには，やはり数式に戻った方がたしかであることが多い*．

【蛇　足】

　ある粒子（複数でもよい）の運動を，空間時間の座標系での世界線として描くということは，粒子の運動を映画にとり，1コマ1コマをばらばらにし，それらを時間の順序に従って水平に重ねあわせることにあたる（参考図）．そうすると，2次元の空間を運動している粒子の世界線ができ上がる．たとえば，静止している粒子の映画では粒子は各コマの中を全然動かないから，その世界線は，t 軸に平行な直線である．もし粒子が xy 平面上で一様な円運動をしていれば，その粒子の世界線が常螺旋になることは容易に了解できると思う．数式で書くとこの世界線は，たとえば

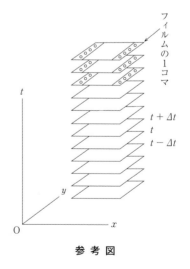

参　考　図

---

* ただし，p.79 の議論参照．

$$x(t) = a \cos \omega t$$
$$y(t) = a \sin \omega t$$

である．ただし，a は粒子のまわっている円の半径，ω は粒子の角振動数である．

　粒子の運動方程式とは，隣あったコマの間の関係を示すものである．ある時刻 t におけるコマの中の粒子の位置を $x(t), y(t)$ とすると，その加速度は

$$\frac{x(t+\Delta t)-2x(t)+x(t-\Delta t)}{(\Delta t)^2}$$

$$\frac{y(t+\Delta t)-2y(t)+y(t-\Delta t)}{(\Delta t)^2}$$

であるから[*1]，$t+\Delta t$ のコマと $t-\Delta t$ のコマが関係してくる．これらが，粒子に働いている力（を粒子の質量で割ったもの）の x 成分と y 成分である．

座標変換

　さて次に，地表に固定された座標系において，初期値 $x_0=0$，初速度 v_0 でうち上げられた粒子が，地表に対して速度 V で上昇しているエレベーターに乗った観測者に対して，どのように振舞うかを考えてみよう．

　エレベーターに固定した座標系では，図 1.7 の実線で書いた世界線になる[*2]．点線で書いた世界線は，エレベーターがもし動いていなかったとした時の世界線を，比較のために書いたものである．

　実線で書いた世界線は，式 (2.6) に Galilei 変換をほどこせば得られるので

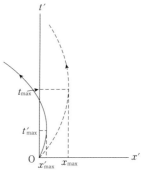

図 1.7

＊1　Δt は，コマの間の間隔．
＊2　ただし，$0 < V < v_0$ とした．つまり，エレベーターの速度は粒子の初速度より小さい．

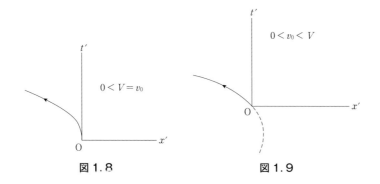

図 1.8　　　　　　　　　　図 1.9

$$x'(t') = -\frac{1}{2}gt'^2 + (v_0 - V)t' + x_0 \qquad (2.10a)$$

$$t' = t \qquad (2.10b)$$

である．したがって，たとえば最高点に達する時間は

$$t'_{max} = \frac{v_0 - V}{g} < t_{max} \qquad (2.11)$$

最高値は

$$x'(t'_{max}) = \frac{1}{2}\frac{(v_0 - V)^2}{g} \equiv x'_{max} \qquad (2.12)$$

となる．

　エレベーターの速度 V がいろいろな値をとる時を別々に図示すると，図 1.8，図 1.9 のようになる．図 1.9 はエレベーターの速度 V が v_0 より大きい場合で，粒子はエレベーターの中に入ってこないことを示している．

　以上のように，いろいろな座標系における粒子の世界線を別々に図示するのは，なかなかたいへんである．実は，いろいろな惰性系における世界線を議論するには，もっと簡便な方法がある．それを以下で考えよう．

§3. 空間時間図形と Galilei 変換

Galilei 変換の図示

　そのために，ひとまずもとの Galilei 変換（1.5）または（2.1）に戻ろう．

考え方は，粒子の世界線の方が書きにく
いから，それは紙の上にそのままにして
おき，座標軸（これは直線だから書きや
すいので）の方を，いろいろな場合に応
じて書き直すことにしてはどうかという
ことである．ちょうど，座標系の回転を
議論するとき，点Pはそのままにしておき，
座標系 (x, y) から座標系 (x', y') への変換

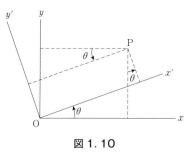

図 1.10

$$x' = x \cos\theta + y \sin\theta \tag{3.1a}$$

$$y' = -x \sin\theta + y \cos\theta \tag{3.1b}$$

を図1.10のようにして表わすのと同じ考え方である．

いま，x と t の2次元のGalilei変換に話を限ることにすると，それは

$$x' = x - Vt \tag{3.2a}$$

$$t' = t \tag{3.2b}$$

であるから，まず，両座標系で原点は一致することがわかる．つまり，
$x = t = 0$ とすると，$x' = t' = 0$ となる．t'-軸は，(3.2a) で $x' = 0$ とおけばよい
から，図1.11のようになる．この場合，t'-軸と t-軸のなす角 α は，両系の
相対速度 V と

$$V = \tan\alpha \tag{3.3}$$

という関係にある*．

x'-軸の方は (3.2b) で，$t' = 0$，すなわち $t = 0$ の線だから，x-軸と重なっ

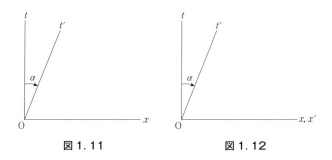

図 1.11　　　　　　　　図 1.12

---

*　ちょっと次元が気になるが，それはあとで考える．

ている．結局，われわれは回転の時の図1.10と同じ考え方をすると，Galilei
変換は図1.12のようになることがわかる．

さて，この中の点Pがうまく式 (3.2) で表わされていることを確認してお
こう．まず，Pの空間座標 x_P' の方は図1.13からすぐ読みとれるように，式
(3.3) を用いて，

$$x_P' = x_P - t_P \tan \alpha$$
$$= x_P - V t_P \tag{3.4}$$

が得られるから，文句なし．一方，時間座標 t_P' の方は，図1.13によると，

$$t_P' = \frac{t_P}{\cos \alpha} = \sqrt{1 + V^2}\, t_P \tag{3.5}$$

となって，式 (3.2b) に比べ，$\sqrt{1+V^2}$ という factor だけ余計である．したが
って，(3.2b) を再現するためには，この式の右辺の $\sqrt{1+V^2}$ という factor を，
何とかしてのけてやらなければならない．幸いにしてこの factor は，x や t に
依存していないので，図1.13の t'-軸を $\sqrt{1+V^2}$ だけ一様にスケール変換し
て $\sqrt{1+V^2}\, t'$ をプロットしておけばよい．結局われわれは，Galilei 変換に対し
て図1.14のように描けばよいことがわかる．すると，三角形 OAB に対して

$$\cos \alpha = \frac{OA}{OB} = \frac{t_P}{\sqrt{1+V^2}\, t_P'} \tag{3.6}$$

であり，(3.3) の関係によって

$$t_P' = t_P \tag{3.7}$$

が得られ，首尾よく (3.2b) が再現されることになる．以下，図形を用いて
Galilei 変換を定量的に議論する場合には，いつでも図1.14のように t'-軸に

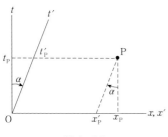

図1.13

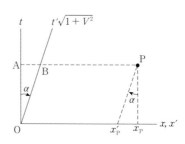

図1.14

23

対して $\sqrt{1+V^2}$ だけ，スケールの変化を考えに入れたものを用いる．定性的な議論には図 1.13 で充分である．

【蛇　足】

　実をいうと，空間と時間を図 1.1 のように書いたのはおかしなことである．x 軸と t 軸の間を直角にとったが，空間と時間が"直角"とは，いったいどういうことなのだろうか？　分度器で，空間と時間の間の"角"を測ることなどできっこないではないか！　したがって，図 1.1 のような画をかくことは，単なる便宜にすぎない．どんな便宜かというと，それは物理的な問題を扱う場合，空間座標と時間座標との 4 個を独立に指定することが，図の上では 1 点で表わされるということである．したがって，時間軸と空間軸が重ならなかったら，どんな図を書いたってかまわない．

　しかし，いったん紙の上に画を書くと，紙というのは 2 次元の Euclid 空間だから，紙の上で物差しで距離を測ったり，"角"を問題にしたりすることができることになる．そこで，ついでだから，この紙の上での角などを利用して，物理的な量である"速度"などを表現しておくと便利なのである．しかし，紙の上の画の Euclid 的な性質からのがれることはできないので，間違いをおかさないためには，適当にスケールなどを変えておかなければならなくなる．

　この点は，画を書くことによって相対性理論を理解しようとする時にも，全く同じである．実は，世界地図をながめる場合，われわれはいつでもこのようなスケールの換算を頭の中で行っている．地球の表面を 2 次元の平面に書き表わすには，どうしてもこのスケールの換算が必要である．世界地図の中のカナダやロシアを見て，それらが日本と同じスケールで書かれていると思う人はいないだろう．Galilei 変換を画で表わす時，時間軸のスケールを変えなければならなかったのは，地図の上のスケールの換算と同じようなものだと思ってよい．この点は，第 III 章でもう一度議論しよう．

空間時間図形による速度合成則

練習問題として，図1.14の方法を用いて，速度の合成則 (1.8) を導いてみよう．実は，速度の合成則は，数式を用いると式 (2.14a) を t について微分するという簡単な操作にすぎないが，これは $t'=t$ という Galilei 変換に特有のことで，あとで出てくる Lorentz 変換の場合は，これほど簡単ではない．

まず図1.15のように，ある座標系に対して，速度

$$v = \tan\beta \tag{3.8}$$

で走っている粒子を考える．OP がその世界線である．この座標系に対して，速度

$$V = \tan\alpha \tag{3.9}$$

で走っている座標系からこの粒子をながめると，図1.16のようになる．角 POQ は，言うまでもなく $\dfrac{\pi}{2}-\beta$ であるから，三角形 POQ に対して三角法の公式を適用すると

$$\frac{\mathrm{OQ}}{\mathrm{PQ}} = \frac{\sin(\beta-\alpha)}{\sin\left(\dfrac{\pi}{2}-\beta\right)} = \frac{\sin(\beta-\alpha)}{\cos\beta}$$

$$= \cos\alpha\cdot\tan\beta-\sin\alpha \tag{3.10}$$

したがって，(3.8) (3.9) により

$$\frac{\mathrm{OQ}}{\mathrm{PQ}} = \frac{v-V}{\sqrt{1+V^2}} \tag{3.11}$$

が得られる．ところで一方，この式の左辺は

$$\mathrm{OQ} = x'_{\mathrm{P}} \tag{3.12a}$$

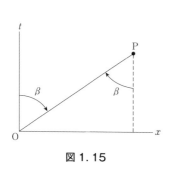

図 1.15

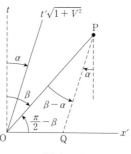

図 1.16

25

$$\mathrm{PQ} = \sqrt{1+V^2}\, t'_{\mathrm{P}} \tag{3.12b}$$

により（t'-軸に対するスケール変化を忘れないように）

$$\frac{\mathrm{OQ}}{\mathrm{PQ}} = \frac{1}{\sqrt{1+V^2}} \frac{x'_{\mathrm{P}}}{t'_{\mathrm{P}}} = \frac{1}{\sqrt{1+V^2}} v' \tag{3.13}$$

である．（3.13）と（3.11）をいっしょにすると，首尾よく Galilei 変換における速度の合成則

$$v' = v - V \tag{3.14}$$

が得られる．

　この例題のように，空間時間の図形は，定性的なことの理解をたすけるだけでなく，紙が 2 次元の Euclid 空間であることを注意して使うと，定量的な計算にも大いに役に立つ．

重力中の粒子の Galilei 変換

　そこで，エレベーターの中の問題に帰ると，打ち上げられた粒子の世界線はそのままにしておき，エレベーターの速度に従って，t-軸をだんだんと傾けて行き，それに応じてスケールを変えていきさえすればよいことになる．つまり，図 1.17 で（ここでは $x_0 = 0$ とおいた）t'-軸は，図 1.7 すなわち $0 < V < v_0$ の場合，t''-軸は図 1.8，すなわち $0 < V = v_0$ の場合，t'''-軸は図 1.9 す

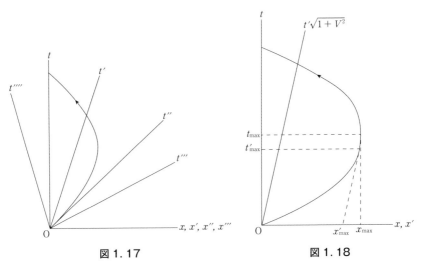

図 1.17　　　　　　　　図 1.18

26

なわち $0<v_0<V$ の場合である．なお，ついでに，エレベーターが下に向っ
て降りる場合の時間軸 t'''' も書いておいた．

　図1.7 $(0<V<v_0)$ の場合をこのやり方に従ってもう一度詳しく書いてお
くと，図1.18となる．

§4. 注意と蛇足

【注　意】

⑴　"不変性"という言葉の意味をちょっと考えてみよう．力学の法則が，
ある操作，たとえば座標系の回転に対して不変であるという場合，それは
回転前の座標系で書いた基本方程式と，回転後の座標系で書いた基本方程
式とが同じ形でありかつ同じ内容であることを意味する．両系における方
程式が全然同じである必要はなく，同じ内容ならよい．一方から他方が導
き出せるなら，それでよいわけである．たとえば，第1の系で，物理法則が

$$A_i = B_i \qquad i = 1, 2, 3 \tag{4.1}$$

と表わされているとしよう．第2の系で物理法則が，同じ形

$$A_i' = B_i' \qquad i = 1, 2, 3 \tag{4.2}$$

であるとき，式 (4.1) と式 (4.2) とが同一内容なら，理論は回転に対して
不変である．たとえば，A_i, B_i がそれぞれ A_i' と B_i' に等しくはないが，
それらは vector の成分で，座標の回転*

$$x_i \to x_i' = \sum_{j=1}^{3} a_{ij} x_j \tag{4.3}$$

に対して

$$A_i \to A_i' = \sum_{j=1}^{3} a_{ij} A_j \tag{4.4a}$$

$$B_i \to B_i' = \sum_{j=1}^{3} a_{ij} B_j \tag{4.4b}$$

＊　回転に対しては

$$\sum_{i=1}^{3} a_{ij} a_{ik} = \delta_{jk} \qquad \det[a_{ij}] = 1$$

　詳しくは，文献14）高橋（1982）を見よ．

であるならば，明らかに (4.2) は (4.1) を意味し，両方程式 (4.1) と (4.2) とは同一内容である．

　この場合は，両方程式が同一内容というばかりでなく，回転に対して (4.1) の両辺は，vector というはっきりした変換性をもつ量で書かれている．この時方程式 (4.1) は**共変的** (covariant) であるという．

　物理学の基本方程式が，（回転に限らず）ある変換に対して共変的であるならば，その法則が，この変換に対して不変であるということは明らかである．しかし，この逆は必ずしも成り立たない．つまり，物理法則がある変換に対して不変であっても，基本方程式が共変的である保証はない．

　上に考えた Galilei 変換の場合は，まさに共変的でない例である．また，あとで議論する Maxwell の方程式は，3 次元空間の回転に対しては共変的であり，したがって法則は回転に対して不変だが，相対性理論的な 4 次元の回転に対しては共変的でない．しかし Maxwell の理論は，4 次元の回転に対して不変ではある．4 次元の回転に対しても Maxwell の理論を共変的に書くことができ，したがって，それが 4 次元回転に対して不変であることは，第 IV 章で議論する．

　4 次元空間における回転というのが，まさに Lorentz 変換であって，この不変性のために惰性系というものの意味や，同時性の概念や，速度の合成則 (1.8) などが根本的な変更を受けることになる．少々，話は先走りすることになるが，3 次元の回転 (4.3) を 4 次元の回転に拡張し，式 (1.6) を特別な場合（光の速度が無限大になったとき）として含むように理論を再構成するのが，特殊相対性理論である．

(2)　理論がある変換に対して不変であるということは，基本方程式の解がその変換に対して不変であるという意味ではない．たとえば，太陽の引力による遊星の運動法則は太陽を中心とした座標系の任意の回転に対して不変になっているが，遊星の軌道はもちろん球ではなく，円か楕円である．

　この場合，回転に対する理論の不変性が，どこかに反映しているはずである．このことは，この本の本すじと関係がないので，ここでごたごたと説明はしないが，不変性ということを理解するためにぜひ，自らよく考え友人とも話し合って，よく納得しておくことをおすすめする．

【蛇　足】

解析力学をすでにご存知の読者のために，Galilei 変換を正準形式で扱っておこう．解析力学を勉強したことのない読者はこの項をとばして下さい．

質量 m の粒子に，potential が働いている場合を考える．potential は，この粒子の位置 $\boldsymbol{x}$ の関数として与えられるが，この potential を作っている源になる力学系の方も考慮にいれて，物理系全体を考えなければならない．Potential の源の方は，質量 M，位置 $\boldsymbol{X}$ にある粒子とすると，全系の Lagrangian は

$$L = \frac{1}{2}m\dot{\boldsymbol{x}}^2 + \frac{1}{2}M\dot{\boldsymbol{X}}^2 - U(\boldsymbol{x}-\boldsymbol{X}) \tag{4.5}$$

である．正準運動量はそれぞれ

$$\boldsymbol{p} = m\dot{\boldsymbol{x}} \tag{4.6a}$$

$$\boldsymbol{P} = M\dot{\boldsymbol{X}} \tag{4.6b}$$

だから Hamiltonian を作ると

$$H = \frac{1}{2m}\boldsymbol{p}^2 + \frac{1}{2M}\boldsymbol{P}^2 + U(\boldsymbol{x}-\boldsymbol{X}) \tag{4.7}$$

となる．

いま，Galilei 変換を行うと

$$\boldsymbol{x} \to \boldsymbol{x}' = \boldsymbol{x} - \boldsymbol{V}t \tag{4.8a}$$

$$\boldsymbol{p} \to \boldsymbol{p}' = \boldsymbol{p} - m\boldsymbol{V} \tag{4.8b}$$

$$\boldsymbol{X} \to \boldsymbol{X}' = \boldsymbol{X} - \boldsymbol{V}t \tag{4.8c}$$

$$\boldsymbol{P} \to \boldsymbol{P}' = \boldsymbol{P} - M\boldsymbol{V} \tag{4.8d}$$

であるから，Galilei 変換の母関数は

$$G = -(m\boldsymbol{x} + M\boldsymbol{X} - \boldsymbol{p}t - \boldsymbol{P}t)\cdot\boldsymbol{V} \tag{4.9}$$

となる．すなわち

$$\delta\boldsymbol{x} \equiv \boldsymbol{x}' - \boldsymbol{x} = -\boldsymbol{V}t = -\frac{\partial G}{\partial \boldsymbol{p}} \tag{4.10a}$$

$$\delta\boldsymbol{p} \equiv \boldsymbol{p}' - \boldsymbol{p} = -m\boldsymbol{V} = \frac{\partial G}{\partial \boldsymbol{x}} \tag{4.10b}$$

$$\delta X = X' - X = -Vt = -\frac{\partial G}{\partial P} \tag{4.10c}$$

$$\delta P = P' - P = -MV = \frac{\partial G}{\partial X} \tag{4.10d}$$

また正準運動方程式は

$$\dot{x} = \frac{\partial H}{\partial p} = \frac{1}{m}p \tag{4.11a}$$

$$\dot{p} = -\frac{\partial H}{\partial x} = -\frac{\partial}{\partial x}U(x-X) \tag{4.11b}$$

$$\dot{X} = \frac{\partial H}{\partial P} = \frac{1}{M}P \tag{4.11c}$$

$$\dot{P} = -\frac{\partial H}{\partial X} = -\frac{\partial}{\partial X}U(x-X) \tag{4.11d}$$

である.

　Galilei 変換の母関数の時間微分をとってみると

$$\frac{dG}{dt} = (p+P)\cdot V - (m\dot{x}+M\dot{X}-\dot{p}t-\dot{P}t)\cdot V \tag{4.12}$$

そこで, 上の運動方程式を用いると

$$= t(\dot{p}+\dot{P})\cdot V = -t\left(\frac{\partial}{\partial x}+\frac{\partial}{\partial X}\right)U(x-X)\cdot V \tag{4.13}$$

となる. この最後の式は U が $x-X$ の関数であるために 0 となる. 結局

$$\frac{dG}{dt} = 0 \tag{4.14}$$

である.

　(4.12) から (4.13)(4.14) へ移るところ, 少々もったいぶったのには, 次のような理由がある. いままで, Newton の法則が Galilei 変換で不変であると主張したとき, 力 F〔つまり (4.11b)(4.11d) の右辺〕が, "あまりとっぴょうしのないものでなければ"という条件がついていたことをここで思い出してほしい. また, Newton の第 1 法則と第 2 法則のことはすでに話したが, 第 3 法則のことにはいままで全然ふれなかった. さ

て，この第3法則のおかげで（4.11b）と（4.11d）の右辺は，それらを加えあわせたものが0となっている．それによって，Galilei 変換の母関数の保存則（4.14）が成り立つことになったのである．事実，もし potential U が，x と X の全く勝手な関数で，第3法則が成り立っていなかったら，式（4.14）は成立しない．

また，はじめに言ったように，粒子 m の方だけ考えて potential の源の方の力学的自由度を正しく考慮しなかったら，Galilei 変換に対する不変性も破れるし，G も保存しない．

ついでに，Poisson 括弧を計算してみると

$$[G, H]_c = -(p+P) \cdot V$$
$$-tV \cdot \left(\frac{\partial}{\partial x} + \frac{\partial}{\partial X} \right) U(x-X) \tag{4.15}$$

したがって

$$\frac{dG}{dt} = \frac{\partial G}{\partial t} + [G, H]_c \tag{4.16}$$

が成り立っていることがわかる．これは（4.14）で計算したように0である．

§5. 波の画

波の空間時間図形

次に，空間の中を進んでいく波を，空間時間の中に画くことを考えよう．もちろん，3次元空間の中を進む波は画にしにくいから，1次元空間を伝わる波を考える．波の1つの山が一定速度 v で，x の正の方向に走っているとすると，次の山は時間 $2\pi/\omega$ だけ遅れて，やはり x の正の方向に進む*．次の山もその次の山も同様だから，たくさんの山の伝播は，図 1.19 のように，t 軸に対して角

$$\alpha = \tan^{-1} v \tag{5.1}$$

---

* ω は波の角振動数

をなす多くの平行線で表わされる．図1.19
では，Oを通る斜線が第1の山の世界線，
t_1 を通る斜線が第2の山の世界線で，$t_1 = 2\pi/\omega$ である．他の斜線も，それぞれ第3，
第4，……の山の世界線である．したがっ
て，平行線の水平の距離が波の波長であ
り，垂直の距離が波の振動数 $\nu (= \omega/2\pi)$
の逆数である．容易にわかるように波の波
長 λ，速度 v，振動数 ν の間には

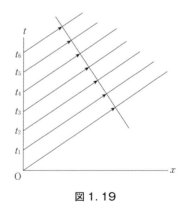

図1.19

$$\nu\lambda = v \qquad (5.2)$$

が成り立つ．これは図1.20bから明らかであろう．

たとえば，原点にある光源から光が瞬間的に放出されたら，光の速度をこ
の座標系で c とするとき，光の世界線は t 軸と角

$$\alpha = \tan^{-1} c \qquad (5.3)$$

をなす斜線で表わされる．

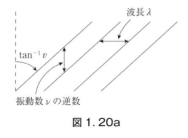

図1.20a

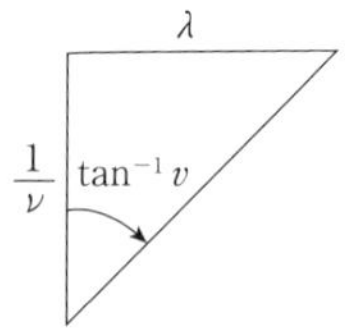

図1.20b

雷

原点Oに雷が落ちたとすると，いなびかりの世界線は図1.21と同じであ
り，一方，ゴロゴロという音の方は速度が遅いので，光の世界線より傾斜の
大きい線となる．点 x_0 にいる人の世界線は，x_0 を通る t 軸に平行な点線だ
から，この人は点Aで光を見，それ以後の点Bで音を聞くわけである．

波の伝播

波の伝播を図示する場合には，空間を2次元にした方が，より直観的かも
しれない．図1.23〜図1.27に，いろいろな場合を説明なしに示しておく．

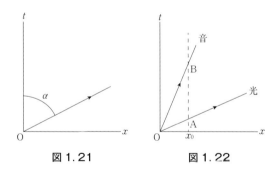

図 1.21　　　　　図 1.22

（ⅰ）　原点に静止した源からの波（図 1.23）
（ⅱ）　動いている波源から出る波（波源の速度＜波の速度）（図 1.24）
（ⅲ）　動いている波源から出る波（波源の速度＞波の速度）（図 1.25）

（ⅰ）〜（ⅲ）は，波の伝わる媒質が座標系に対して静止している場合である．もし媒質の方が動いているならば，（ⅳ）〜（ⅴ）（図 1.26〜図 1.27）のようになる．

（ⅳ）　動いている媒質中を伝わる波（媒質の速度＜波の速度）（図 1.26）
（ⅴ）　動いている媒質中を伝わる波（媒質の速度＞波の速度）（図 1.27）

光がある媒質，ether（エーテル）の中を伝わる波であると考えると，図1.26 および 1.27 の画がこのままあてはまらなければならない．たとえば，ether が x 軸の正の方向に速度 V で動いていると，光が x の正の方向に走る速度と負の方向に走る速度との差は $2V$ となるはずである．これは，もちろん，速度の合成則が Galilei 的で，式（1.8）で与えられる場合である．この性質を用いると，われわれは，われわれの，光の媒質である ether に対する速度を知ることができるはずである．この点はあとで詳しく考えよう．

【注　意】
　波が 3 次元空間を伝わるという場合，流体力学でいう Euler の立場をとっている．すなわち，3 次元の直角座標 x, y, z をもうけて，その座標系の中の各点で，波が時間的にどう変化するかを問題にする．言いかえると，

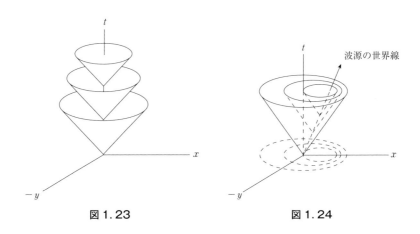

図 1.23

図 1.24

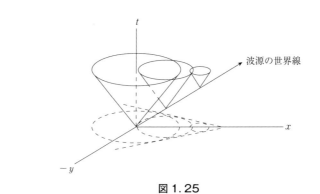

図 1.25

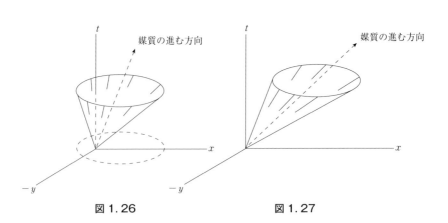

図 1.26

図 1.27

x, y, z, t は 4 個の独立な変数として，それらの関数としての波を考える．この点が，粒子力学における考え方と根本的に異なっている．p.14 で注意したように，粒子力学では，Galilei 変換を 4 次元空間の変換と考える必要はなかったが，波を扱う場合には空間座標と時間とをいっしょにして，4 次元空間の変換を考える方が自然である．こうすることによって，Einstein の相対性理論への道が開けるのである．

【余　談】

波の画が書けるようになったから，それを用いて Doppler 効果を計算しておく．この場合，斜めになった時間軸は $\sqrt{1+V^2}$ だけ scale が変わることを忘れないように．

波の源は $x=0$ の点に静止しており，観測者が x の方向に向って，波の源から遠ざかってゆく場合を考える．波の速度を v，観測者の速度（波源に対する速度）を V とすると，三角形 OAB は，図 1.29 の関係になる．ただし

$$V < v \tag{5.3}$$

とする．

さて，O から点 A までに n 個（図 1.28 では 4 個）の波の山が放出されたとする．波の振動数を ν とするとき

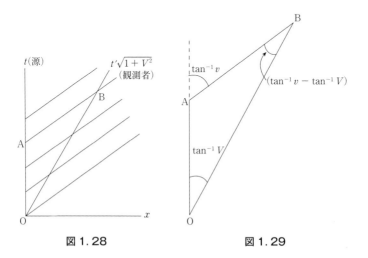

図 1.28   図 1.29

$$\mathrm{OA} = \frac{n}{\nu} \tag{5.4}$$

である．同じ n 個の波の山を観測者が受けとるには，時間 OB だけかかるがその観測者にとっての，波の振動数を ν' とすると，scale の変換を考えて

$$\mathrm{OB} = \frac{n}{\nu'}\sqrt{1+V^2} \tag{5.5}$$

である．三角法の公式を用いると

$$\frac{\mathrm{OA}}{\mathrm{OB}} = \frac{\sin(\angle\mathrm{OBA})}{\sin(\angle\mathrm{OAB})}$$

$$= \frac{\sin(\tan^{-1}v)\cos(\tan^{-1}V) - \sin(\tan^{-1}V)\cos(\tan^{-1}v)}{\sin(\tan^{-1}v)}$$

$$= \frac{(v-V)/\sqrt{1+v^2}\sqrt{1+V^2}}{v/\sqrt{1+v^2}}$$

$$= \frac{v-V}{v}\frac{1}{\sqrt{1+V^2}} \tag{5.6}$$

そこで (5.4) (5.5) を用いて，(5.6) の左辺を書き直すと

$$\frac{\mathrm{OA}}{\mathrm{OB}} = \frac{n}{\nu}\bigg/\frac{n}{\nu'}\sqrt{1+V^2} = \frac{\nu'}{\nu}\frac{1}{\sqrt{1+V^2}} \tag{5.7}$$

したがって

$$\frac{\nu'}{\nu} = \frac{v-V}{v} = 1 - \frac{V}{v} < 1 \tag{5.8}$$

が得られる．つまり波の源から遠ざかる観測者に対しては，波の振動数は小さくなる（音は低くなる）．

　波の源に近づく観測者に対しては音が高くなる，という計算も，全く同様に行うことができる．ただし，これは練習問題としよう．

　相対性理論による Doppler 効果の計算も，全く同様に行うことができる．その場合，時間軸の scale のとり方がちがうので，(5.8) の関係もちがってくる（p.88 参照）．

第 **Ⅱ** 章

波動方程式と 4 次元回転

§1. 波動方程式

空気中を伝わる密度波

前章では，空間を伝わる波を，極めて直観的に空間時間座標の中で表わすことを学んだ．ここではもう少し厳密に数式を用いて表現することを考えてみよう．光はよく知られているように，偏りをもっているから，数学的表現は少々やっかいである．地球の中を伝わる地震波も同様に，数学的取扱いはやっかいである．空気中を伝わる音の波は，空気が一様であり，風が吹いていない限り，比較的取扱いやすいので，これを例にとろう．

話を簡単にするために，1次元空間における空気を考える．空気の密度は一般に x と t の関数である．それを $\rho(x,t)$ としよう．ある瞬間 $t=0$ において密度が，$f(x)$ で与えられるとする．この $f(x)$ は，図 2.1 のように，ある点 x_0 のところに山があり，あとは 0 であるようなものをとると考えやす

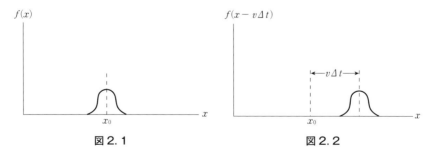

図 2.1　　　　　　　　図 2.2

い．すなわち

$$\rho(x,0) = f(x) \tag{1.1}$$

とする．この山が時間がたつにつれて，速度 v で右の方へ移動していくとすると，時間 $\varDelta t$ の後には

$$\rho(x,\varDelta t) = f(x - v\varDelta t) \tag{1.2}$$

が成り立つ．いま

$$\varDelta t = t$$

とすると，(1.2) の左辺は，x と t の関数となるから，x と t との関数としての密度は

$$\rho(x,t) = f(x - vt) \tag{1.3}$$

である．全く同様にして，左の方へ同じ速度で進む山を考えると，一般に左右に速度 v で進む山は

$$\rho(x,t) = f(x - vt) + g(x + vt) \tag{1.4}$$

となる．つまり空気の中で，一様な密度からのずれ（これを上では"山"といった）が速度 v で伝播するということは，式 (1.4) で表現されることになる．f や g の関数形は別に指定していないが，これは勝手でよい．山のようなものを考えなくても，図2.3 のようなものでも何でもよい．また

$$f(x) = A\sin(kx + \delta_+) \tag{1.5a}$$

$$g(x) = B\sin(kx + \delta_-) \tag{1.5b}$$

のような周期関数でもよい*．f や g の関数形に全く無関係に，次の関係が成立することを見るのは容易であろう．

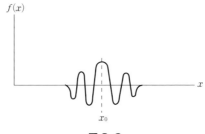

図2.3

---

* ここで，$A, B, k, \delta_+, \delta_-$ は，ある定数とする．$k/2\pi$ は波の波数であり，$vk/2\pi$ が波の振動数である．

$$\frac{\partial \rho(x,t)}{\partial t} = -v\left(\frac{\partial f}{\partial x} - \frac{\partial g}{\partial x}\right) \tag{1.6}$$

だから，もう一度 t について微分すると

$$\frac{1}{v^2}\frac{\partial^2 \rho(x,t)}{\partial t^2} = \left(\frac{\partial^2 f}{\partial x^2} + \frac{\partial^2 g}{\partial x^2}\right) = \frac{\partial^2}{\partial x^2}\rho(x,t) \tag{1.7}$$

波動方程式

式 (1.7)，すなわち

$$\left(\frac{\partial^2}{\partial x^2} - \frac{1}{v^2}\frac{\partial^2}{\partial t^2}\right)\rho(x,t) = 0 \tag{1.8}$$

は，空気中をある瞬間における全く勝手な密度の“異常”$f(x)$ が右へ速度 v で，また全く勝手な密度の“異常”$g(x)$ が左へ同じ速度 v で進むことを表わす式である．これを 1 次元の**波動方程式**という．

波動方程式を 3 次元に拡張するのは容易で，

$$\left(\frac{\partial^2}{\partial x^2} + \frac{\partial^2}{\partial y^2} + \frac{\partial^2}{\partial z^2} - \frac{1}{v^2}\frac{\partial^2}{\partial t^2}\right)\rho(\boldsymbol{x},t) = 0 \tag{1.9}$$

が 3 次元空間において，任意の方向に速度 v で進む波を表わす波動方程式である*．

光の波と媒質

ここでは，空気中を伝わる密度波を考えたが，電磁波も偏りを無視するならば，全く同様の波動方程式を満たす．ただしここに一つ重要な問題がある．すなわち，伝播速度 v とはいったい何かということである．空気中の波については，音の媒質としての空気が静止している座標系においての音波の速度 v が，波動方程式の中に出てきた．光の場合には，光の伝わる媒質——それを仮に ether とよぶ——の静止している座標系を見出さない限り，光の満たす波動方程式を書き下すことはできない．

---

* 図 2.1 や 2.3 で考えたような，空間の一部に限られながら伝播するものを**波束**（wave packet），式 (1.5) のようなものを波動（wave）ということもある．

　この点は，前章で考えた Newton の力学と根本的に異なっている．Newton 力学の基本方程式を書き下す場合には，自分が惰性系にいることだけが必要であり，自分が何かの媒質に対してどんな速度で動いているかなどということをいっさい気にしないで話がすんだ．

　これに対し，光に対して問題にする場合には，自分が媒質に対してどのような速度で動いているかを知らないと，基本方程式を書き下すことすらできない．言いかえると，ether に対して静止している座標系で，光が波動方程式

$$\left(\frac{\partial^2}{\partial x^2}+\frac{\partial^2}{\partial y^2}+\frac{\partial^2}{\partial z^2}-\frac{1}{c^2}\frac{\partial^2}{\partial t^2}\right)A(\boldsymbol{x},t)=0 \tag{1.10}$$

が成り立ったとしても，この方程式は Galilei 変換〔第 I 章 (1.5)〕に対して不変ではない．これは波動方程式 (1.8) を導いたときのやり方を反省すれば明らかであろう．すなわち，(1.4) では波が右と左に同じ速さ v で伝わっていくことを前提とした．空気に対して一定の速さで動いている観測者に対しては，このことは成り立たないから，波動方程式は (1.8) のように簡単にはならない*．

§2.　波動方程式と Galilei 変換

波動方程式の Galilei 変換

　Galilei 変換に対して，波動方程式 (1.8) が不変でないということを直接見るには，次のようにやる．Galilei 変換

$$x'=x-Vt \tag{2.1a}$$

$$t'=t \tag{2.1b}$$

によると

$$\frac{\partial}{\partial x}=\frac{\partial x'}{\partial x}\frac{\partial}{\partial x'}+\frac{\partial t'}{\partial x}\frac{\partial}{\partial t'}=\frac{\partial}{\partial x'} \tag{2.2a}$$

---

*　この場合，波動方程式は
$$\left(\frac{\partial^2}{\partial x^2}+\frac{2V}{v^2-V^2}\frac{\partial}{\partial x}\frac{\partial}{\partial t}-\frac{1}{v^2-V^2}\frac{\partial^2}{\partial t^2}\right)\rho(x,t)=0$$
となる．V は，空気に対する観測者の速度で $v\neq V$ とした．

$$\frac{\partial}{\partial t} = \frac{\partial t'}{\partial t}\frac{\partial}{\partial t'} + \frac{\partial x'}{\partial t}\frac{\partial}{\partial x'} = \frac{\partial}{\partial t'} - V\frac{\partial}{\partial x'} \tag{2.2b)*1}$$

したがって

$$\frac{\partial^2}{\partial x^2} - \frac{1}{v^2}\frac{\partial^2}{\partial t^2} = \frac{\partial^2}{\partial x'^2} - \frac{1}{v^2}\left(\frac{\partial^2}{\partial t'^2} - 2V\frac{\partial}{\partial x'}\frac{\partial}{\partial t'} + V^2\frac{\partial^2}{\partial x'^2}\right)$$

$$= \frac{v^2 - V^2}{v^2}\left(\frac{\partial^2}{\partial x'^2} + \frac{2V}{v^2 - V^2}\frac{\partial}{\partial x'}\frac{\partial}{\partial t'} - \frac{1}{v^2 - V^2}\frac{\partial^2}{\partial t'^2}\right) \tag{2.3}$$

が得られる. このことは空気に対して静止している観測者に対して波動方程
式

$$\left(\frac{\partial^2}{\partial x^2} - \frac{1}{v^2}\frac{\partial^2}{\partial t^2}\right)\rho(x,t) = 0 \tag{2.4}$$

が成り立っていても, 空気に対して, 定速度 V で動いている観測者に対して
は, 同じ方程式が成り立たないことを示している[*2].

光の波動方程式の Galilei 変換

光を問題にするときには, 上の議論に対して v の代わりに, ether に対す
る光の速度 $c(c \sim 3 \times 10^{10}$ cm/sec$)$ を用いればよい. したがって, ether に対
して静止している系で, 光が波動方程式 (1 次元)

$$\left(\frac{\partial^2}{\partial x^2} - \frac{1}{c^2}\frac{\partial^2}{\partial t^2}\right)\phi(x,t) = 0 \tag{2.5}$$

を満たしているならば, 式 (2.3) により, ether に対して速度 V で動いてい
る観測者に対しては, $(c^2 - V^2 \neq 0$ である限り$)$

$$\left(\frac{\partial^2}{\partial x'^2} + \frac{2V}{c^2 - V^2}\frac{\partial}{\partial x'}\frac{\partial}{\partial t'} - \frac{1}{c^2 - V^2}\frac{\partial^2}{\partial t'^2}\right)\phi(x,t) = 0 \tag{2.6}$$

---

* 1　式 (2.2b) は, 式 (2.1b) と矛盾するように見えるが, 実はそうではない. 式 (2.2b)
の左辺の $\partial/\partial t$ を計算する時には, x を固定する. 一方, 右辺の $\partial/\partial t'$ を計算する時
には, x' を固定しなければならない. したがって, $t'=t$ にもかかわらず, $\partial/\partial t$ と
$\partial/\partial t'$ とはずれてくる.

* 2　これは, 惰性系でない座標系では, 粒子に見かけの力が働くという Newton 力学に
おける事情と似ている. なお, 式 (2.3) の右辺と, 1 つ前の脚注の式と比較してみて
よ.

が成り立つ．（2.5）を満たす $\phi(x, t)$ は

$$\phi(x, t) = f(x - ct) + g(x + ct) \tag{2.7}$$

だから，これを式（2.1）によって x' と t' で表わすと

$$\phi(x, t) = \phi(x' + Vt', t')$$
$$= f(x' - (c - V)t') + g(x' + (c + V)t') \tag{2.8}$$

となる．これが，方程式（2.6）の解である．（2.8）の右辺は ether に対して x 方向に速度 V で動いている観測者にとっては，光は x' の正の方向（これは x の正の方向と同じ）に速度 $c - V$ で進み，負の方向には速度 $c + V$ で進むという簡単なことを言っているにすぎない．

Ether に対するわれわれの速度

　光が，ether に対して静止した座標系で（2.5）を満たすとすると，われわれも ether に対してちょうど静止しているということは全くの偶然であって，一般には，ある速度で動いていると考えられる．したがって，光がある方向に伝わる速さと，その逆の方向に伝わる速さの差を測ることができれば，われわれ自身の ether に対する速度を見出すことができるはずである．

　とにかく，光の基本方程式（2.5）の中に速度というものが出てきたことは重大なことである．Newton の力学が Galilei 変換に対して不変にできており，したがって，すべての惰性系に対して正しいのに対し，光の理論の方は Galilei 変換に対して不変ではなく，非常に特別の座標系（ether に対して静止している座標系）においてのみ正しい．これでは，光の理論の適用範囲は極めて狭く，ether に対するわれわれの速度がわからない限り，ほとんど実用にならないことになる．しかし，もし何らかの方法によって，われわれの ether に対する速度 V が測定できたとすると，波動方程式（2.6）によって光を記述することができる．Ether に対するわれわれの速度を見出すためには，力学の法則を用いたのではだめである．なぜなら，力学の法則は ether に対するわれわれの速度とは全く無関係に成り立っているからである．そこで，われわれはどうしても，光学的な現象によって，われわれの ether に対する速度を見出さなければならない．その方向への典型的な実験が，付録 B で説明する Michelson-Morley の行ったものである．

§3. 波動方程式と 4 次元回転

波動方程式の不変性

Einstein の理論に進む前にもう一度，波動方程式 (2.5) に戻り，それを，Galilei 変換に代わって，不変にする変換はないか探して見よう．たとえば変数 (x, t) から別の変数 (u, w) への変換で，波動方程式が，

$$\left(\frac{\partial^2}{\partial u^2} - \frac{1}{c^2} \frac{\partial^2}{\partial w^2} \right) \phi(u, w) = 0 \tag{3.1}$$

に変わるようなものはないだろうか？　(x, t) と (u, w) の間に線形な関係

$$u = Ax + Bt \tag{3.2a}$$

$$w = Cx + Dt \tag{3.2b}$$

を仮定してみる．ただし，この変換には逆があることも仮定する．すなわち

$$\Delta \equiv \begin{vmatrix} A & B \\ C & D \end{vmatrix} = AD - BC \neq 0 \tag{3.3}$$

とすると，

$$x = (Du - Bw)/\Delta \tag{3.4a}$$

$$t = (Aw - Cu)/\Delta \tag{3.4b}$$

である．

ここで強調しておきたいことは，新しい変数 u と w は，(3.2) で表わされるものであるという以外には，物理的意味の全く不明なものであるということである．それらの変数は，波動方程式 (2.5) を，(3.1) の形にもっていくというもので，この条件によって，係数 A, B, C, D を定めたら，物理的意味がわかるかもしれない．

式 (3.2) によると，

$$\frac{\partial}{\partial x} = \frac{\partial u}{\partial x} \frac{\partial}{\partial u} + \frac{\partial w}{\partial x} \frac{\partial}{\partial w} = A \frac{\partial}{\partial u} + C \frac{\partial}{\partial w} \tag{3.5a}$$

$$\frac{\partial}{\partial t} = \frac{\partial u}{\partial t} \frac{\partial}{\partial u} + \frac{\partial w}{\partial t} \frac{\partial}{\partial w} = B \frac{\partial}{\partial u} + D \frac{\partial}{\partial w} \tag{3.5b}$$

したがって

$$\frac{\partial^2}{\partial x^2} - \frac{1}{c^2}\frac{\partial^2}{\partial t^2} = \left(A^2 - \frac{B^2}{c^2}\right)\frac{\partial^2}{\partial u^2} - (D^2 - c^2 C^2)\frac{1}{c^2}\frac{\partial^2}{\partial w^2}$$

$$+ \left(AC - \frac{BD}{c^2}\right)\frac{\partial}{\partial u}\frac{\partial}{\partial w} \tag{3.6}$$

が得られる．そこで，

$$A^2 - B^2/c^2 = 1 \tag{3.7a}$$

$$D^2 - c^2 C^2 = 1 \tag{3.7b}$$

$$AC - BD/c^2 = 0 \tag{3.7c}$$

と選ぶと

$$\frac{\partial^2}{\partial x^2} - \frac{1}{c^2}\frac{\partial^2}{\partial t^2} = \frac{\partial^2}{\partial u^2} - \frac{1}{c^2}\frac{\partial^2}{\partial w^2} \tag{3.8}$$

となり，波動方程式は不変になる．

　式 (3.7) は，4個の未知数 A, B, C, D に対する3個の条件だから，それらのうち1個だけは決まらない．すなわち，parameter 1個を使って表わされるはずである．たとえば，

$$A = \cosh\chi \tag{3.9a}$$

$$B = -c\sinh\chi \tag{3.9b}$$

$$C = -\frac{1}{c}\sinh\chi \tag{3.9c}$$

$$D = \cosh\chi \tag{3.9d}$$

は，(3.7) を満たす．χ は任意の実数である*．式 (3.9) を (3.2) に入れると，われわれの求める変換は

$$u = x\cosh\chi - ct\sinh\chi \tag{3.11a}$$

$$w = t\cosh\chi - \frac{x}{c}\sinh\chi \tag{3.11b}$$

となる．χ が実数である限り，この変換は波動方程式を不変にする．

---

* 双曲線関数を忘れた読者のために書いておくと

$$\sinh\chi = (e^{\chi} - e^{-\chi})/2 \tag{3.10a}$$
$$\cosh\chi = (e^{\chi} + e^{-\chi})/2 \tag{3.10b}$$

で，容易に確かめられるように
$$\cosh^2\chi - \sinh^2\chi = 1 \tag{3.10c}$$

波動方程式を不変にする変換の性質

　変換 (3.11) の物理的意味は，ここで考えないで，ついでだから，その数学的性質だけを簡単に考えておこう．それはあとで Einstein の相対性理論を勉強するときの基礎になるからである*.

　まず第一に気をつけたいことは，変換式 (3.11) は，空間 1 次元の光の波動方程式 (2.5) を不変にする変換として求められたということである．式 (3.11) から計算してみるとすぐわかることだが，それはまた，$x^2-c^2t^2$ という量を不変にする．すなわち (3.11) によると

$$u^2-c^2w^2 = x^2(\cosh^2\chi-\sinh^2\chi)-c^2t^2(\cosh^2\chi-\sinh^2\chi)$$
$$= x^2-c^2t^2 \tag{3.12}$$

である．つまりこの量は変数 (x, t) で書いても，(u, w) で書いても，全く同じ値をとる．

　さらに，(3.11) の形の変換をもう一度行って，変数 (u', w') に移ったとしよう．すなわち

$$u' = u\cosh\phi-cw\sinh\phi \tag{3.13a}$$

$$w' = w\cosh\phi-\frac{u}{c}\sinh\phi \tag{3.13b}$$

これに，(3.11) を代入して (x, t) から (u', w') への変換を求めてみると，たとえば

$$u' = (x\cosh\chi-ct\sinh\chi)\cosh\phi-c\left(t\cosh\chi-\frac{x}{c}\sinh\chi\right)\sinh\phi$$

$$= x(\cosh\chi\cosh\phi+\sinh\chi\sinh\phi)$$
$$\quad -ct(\cosh\chi\sinh\phi+\sinh\chi\cosh\phi)$$
$$= x\cosh(\chi+\phi)-ct\sinh(\chi+\phi) \tag{3.14a}$$

---

*　実は，この変換に明確な物理的意味を与えたのが，Einstein の相対性理論であって，歴史的には 1887 年に Voigt や，Larmor も，この式を導いている．その後，Lorentz が Maxwell の方程式の形を変えない線形変換を議論したが，Lorentz は，変換された量 w を何か仮想的なものと考え，明確な物理的意味を見出すことに成功しなかった．w は x と t の関数であるので，Lorentz は，それを局所時間とよび，単に数学的な量と考えた．もし Lorentz が凡人であったなら，Einstein の理論の出現を見てさぞくやしがったことだろう．

同様に

$$w' = t\cosh(\chi+\phi) - \frac{x}{c}\sinh(\chi+\phi) \tag{3.14b}$$

が得られる．すなわち，(x,t) から (u',w') への変換も同じく（3.11）の形になる．したがって，（3.11）の形の変換を何度重ねても，同じく（3.11）の形の変換が得られる．この性質は通常考える２次元平面内の回転でも満たされている性質で，数学的には群論という形式にまとまるものである．

４次元空間における回転

ところで，（3.11）の変換を書き直してみるとたいへん面白いことがわかる．そのために三角関数と双曲線関数の間に成り立つ関係

$$\cosh\chi = \cos(i\chi) \tag{3.15a}$$
$$\sinh\chi = -i\sin(i\chi) \tag{3.15b}$$

に注意する．すると（3.11）は次のように書かれる：

$$u = x\cos(i\chi) + (ict)\sin(i\chi) \tag{3.16a}$$
$$(icw) = -x\sin(i\chi) + (ict)\cos(i\chi) \tag{3.16b}$$

また，不変量（3.12）は

$$u^2 + (icw)^2 = x^2 + (ict)^2 \tag{3.17}$$

となる．

式（3.16）と，２次元平面内の回転の式（Ⅰ.3.1）を比べて見ると，両変換が形式的には全く同じものであることがわかる．すなわち２次元回転において，y を虚数 ict で置きかえ，回転角 θ を虚数角 $i\chi$ で置きかえ，さらに

$$x' = u \tag{3.18a}$$
$$y' = icw \tag{3.18b}$$

とすると，変換（3.11）が得られる．したがって，"波動方程式（2.5），または量（3.12）を不変にする変換とは，x と ict 軸によって張られる空間において，虚数角 $i\chi$ だけの回転である" ということができる．

３次元空間の場合も全く同じで，変換（3.11）は，x, y, z, ict で張られる４次元空間において，第１軸と第４軸のなす平面内における，角 $i\chi$ だけの回転である．

χ の小さいとき

　最後に，次のことを調べておこう．Newton の方程式は Galilei 変換に対して不変である．一方，光の満たす波動方程式は，Galilei 変換に対しては不変ではないが，いま考えた4次元空間の虚数角の回転に対しては不変である．これら2つの変換の間には，いったいどんな関係があるだろうかということである．

　いま，（3.11）において，χ が小さいとして

$$\cosh \chi \fallingdotseq 1 \tag{3.19a}$$

$$\sinh \chi \fallingdotseq \chi \tag{3.19b}$$

という近似を用いると，

$$u = x - ct\chi \tag{3.20a}$$

$$w = t - x\chi/c \tag{3.20b}$$

が得られる．そこで

$$\chi = V/c \tag{3.21}$$

とおくと，（3.20）は

$$u = x - Vt \tag{3.22a}$$

$$w = t - xV/c^2 \tag{3.22b}$$

となる．（3.22a）の方は空間に対する Galilei 変換である．（3.22b）の方は

$$c \to \infty \tag{3.23}$$

とすると

$$w = t \tag{3.24}$$

となり，やはり，Galilei 変換の時間変換になる．

　光の波動方程式を不変にする4次元の回転は，こうして見ると Galilei 変換と全然別物ではなく，光の速度を ∞ と見なせるような遅い速度を問題にする限り，u を x' とよび，w を t' とよぶと両変換は一致する．逆にいうと，Galilei 変換で不変な Newton の力学では，光の速度が有限であるという重要な事実を無視している可能性がある．実際，Einstein の相対性理論が完成してみると，そうなっていたことが判明することになる．

　Maxwell の理論が，変換（3.11）によって不変であるという事実は Einstein に先だって Lorentz によって詳しく検討されたものである〔したがっ

て，（3.11）の変換は，あとで Poincaré によって Lorentz 変換と呼ばれることになる〕.

§4. まとめ

　ここで，今まで考えてきたことをまとめてみよう.

1. Newton の力学は（基本的な 3 つの公理からできているが），ある 1 つの観測者に対して真であるならば，その観測者に対して一定の速度 V で動いている，もう 1 人の観測者に対しても真である. これを Galilei の相対性原理とよぶ.

2. Galilei の相対性原理は，数式的には次のように表現される. すなわち，Newton の力学は，変換

$$\boldsymbol{x}(t) \to \boldsymbol{x}'(t) = \boldsymbol{x}(t) - \boldsymbol{V}t \tag{4.1}$$

に対して不変である.

3. 第 1 の観測者に対して，一定の速度 V で動いている第 2 の観測者が，第 1 の観測者と同じ時間を使うということを，あたり前のことと考えないで，第 2 の観測者の時間を t' とすると，Galilei 変換（4.1）は，4 個の変数 $(\boldsymbol{x}, t)$ と，別の 4 個の変数 $(\boldsymbol{x}', t')$ の間の変換

$$\boldsymbol{x} \to \boldsymbol{x}' = \boldsymbol{x} - \boldsymbol{V}t \tag{4.2a}$$

$$t \to t' = t \tag{4.2b}$$

となる. 以後，Galilei 変換とは（4.2）の意味とする.

4. Galilei 変換を（4.2）の意味に解釈すると，空間中を伝播する波や，一般には，空間と時間的に分布した場に対しても，Galilei 変換を考えることができる.

5. Galilei 変換（4.1）または（4.2）をとると，速度の合成則は，

$$\boldsymbol{v}' = \boldsymbol{v} - \boldsymbol{V} \tag{4.3}$$

に決まってしまう. したがって，この合成則により，いくらでも速い速度が合成できる. つまり，Newton の力学には，速度の上限というものは存在しない.

6. Maxwell の電磁気の理論によると，光は，その媒質である ether に対する

速度を c とするとき，波動方程式

$$\left(\frac{\partial^2}{\partial x^2}+\frac{\partial^2}{\partial y^2}+\frac{\partial^2}{\partial z^2}-\frac{1}{c^2}\frac{\partial^2}{\partial t^2}\right)\phi(\boldsymbol{x},t)=0 \tag{4.4}$$

を満たしている*. この方程式は，ether に対して速度 V で動いている観測者に対しては成り立たない．つまり，Galilei 変換 (4.2) に対しては不変でない．

7. したがって，光の速度を測定することにより，測定者の ether に対する速度を見出すことが可能であるはずである.

8. 一方，光の満たす波動方程式 (4.4) を不変にするような，空間と時間の間の線形変換を探してみると（式 (3.15) を見よ），

$$u = x\cosh\chi - ct\sinh\chi \tag{4.5a}$$
$$y = y \tag{4.5b}$$
$$z = z \tag{4.5c}$$
$$cw = -x\sinh\chi + ct\cosh\chi \tag{4.5d}$$

が得られる．ここで χ は任意の実数で，その物理的意味はよくわからない（おそらく，両座標系の相対速度に関係しているであろう．p. 47 参照）.

9. Newton 力学は，変換 (4.5) に対して不変ではない．しかし，χ が小さく，$\chi = V/c$ と置いたとき，光速度 c が無限に大きいと見なせるような小さい速度を問題にする限り，(4.5) は Galilei 変換と完全に一致する．

10. そこで残る疑問を整理すると，次のようになるだろう.

(a) Maxwell の理論に出てくる光速度 c とは，いったい何に対する速度なのだろうか？ もしそれが ether に対する速度だとすると，Galilei の速度合成則を用いる限り，ether に対して速度 V で動いている観測者に対しては，光速度は $c+V$ と $c-V$ の間の値が観測されるはずである．その測定値から観測者の ether に対する速度がわかるはずであろう．この点は，実験物理屋の活躍を待つ他ない．

　しかし，もし，ether に対するわれわれの速度が観測されたとすると，今度は絶対座標系の存在を仮定しない Newton 力学の方はどうなるのだろう

---

* §2. では，空間の方を 1 次元にして，式 (2.5) をとって説明した.

か？

（b）　電磁気学の理論は，4次元空間の回転と考えられる Lorentz 変換に対して不変になっており，Galilei 変換に対しては不変になっていない．一方，Newton の力学の方はこの逆である．すると，荷電粒子が電磁波を発射するときのように，力学系と電磁系とを同時に考える場合，全体は Galilei 変換に対しても，Lorentz 変換に対しても，不変ではなくなる．すると，どの座標系で，系全体の運動方程式をたてればよいのだろうか？（付録 A の例参照）

第 III 章
Einstein の惰性系

§1. はじめに

力学と電磁気学の統合

　前章のおわりに一応まとめたように，Maxwell の電磁理論による光の振舞いと，Newton の力学とは，どうもちぐはぐである．これらが，19 世紀の物理学者をなやまし続けた難問であった．特に，光の媒質としての，不可解な ether については，実に多くの議論が展開されたようである．これをめぐる事情の詳しいことは E. T. Whittaker の名著（文献 17）に見られるから，歴史的なことに興味のある読者はぜひそれを参照するとよい．

　結局のところ，一口でいえば，ether に対するわれわれの運動を見出そうという努力の結果は，すべて否定的であった．光学的な実験は，力学的な実験に比べて，19 世紀の当時においてすらかなり精密なものであって，地球の公転の速度 V は，だいたい 3×10^6 cm/sec，光速度は $c = 3 \times 10^{10}$ cm/sec，したがって

$$V/c \sim 10^{-4}$$

程度のものだが，有名な Michelson-Morley の実験（付録 B 参照）は $(V/c)^2$ のオーダーまで問題にできるほどの精度をもつ．このような事情にあって，Maxwell の電磁理論と Newton の力学の間に相容れないものがあるとすれば，Maxwell の理論の方を正しいとして，Newton 力学の方をそれに近づける様に改良できる可能性の方が大きいであろう．事実，前章で調べたよう

に，Newton の力学では，光の速度が有限であるという事実を無視している可能性が大である．

　Michelson-Morley によって代表されるいろいろな実験が，当時の物理屋たちにどれほど納得のいくものであったかは，今では知る由もない．しかし，Einstein によって相対性理論が確立された今となっては，ether が当時の物理屋をこれほど悩ましたという事実は不思議なほどである．Einstein の相対性理論は，ether というものに頼ることなく，極めて明確に，かつ自然に，力学と電磁気学の間の矛盾を解消したものであり，がっちりと理論的にでき上がった，理論物理学の典型である[*1]．

Ether

　前に言ったように，ether に対するわれわれの速度を見出そうという努力は，ことごとくむだに終わった．Ether は，元来，力学の方とは無縁のものだから，光学的にも ether をとらえる手がかりがなくなったとすると，ether に頼らずに理論を再構成しなければならない．

　波動方程式の中には，ether に対する光の速度 c が入っているから，ether を理論の中から追い出したいならば，この c を追い出せばよかろう．つまり Maxwell の電磁理論を全然書きかえて，基本方程式の中に，c が出てこないようにすればよいに違いない．ちょうど，Newton の方程式には速度というものが入っていないのと同様である[*2]．

Einstein の考え

　これに対して Einstein は全然異なった考え方をした．Einstein は，むしろ光速度 c が生まに入っている Maxwell の理論をそのまま受入れて，それが

＊1　高 energy 粒子物理学のある種の困難は，ある程度この相対性理論に責任があると考えられる．にもかかわらず，それがあまりにも論理的にがっちりできているために，いまのところ，手のつけようがない状態であるといってもよい．

＊2　これは凡人の推憶にすぎないが，おそらく，前世紀のおわり頃の文献をさぐってみると，電磁理論から，c を追い出そうとした研究論文がいくつかあるにちがいない．私自身がその頃生まれていたら，おそらくそんな論文を書いて，そして誰からも問題にされないで，モンモンとして消え去ったのではないかしらと思う．

<u>成り立つような惰性系を探す</u>という道をとった.

　さしあたって問題となるのは，光の速度 c とはいったい何に対する速度かということである．通常の Galilei 的な考え方によると，速度とは何かに対するものであって，絶対的な速度というものは考えられない．その"通常の考え方"とはいったい何か？　それをよくよく反省してみると，絶対時間の存在ということと，Galilei 変換，またはその帰結である速度の合成則 (I.1.2) (I.1.8) が頭の中にあることによっている.

　Lorentz は，4 次元回転の不変性を発見しながら，既存の空間時間の概念の枠の中に留まって，その物理的解釈を模索したが，成功しなかった（文献 17) Whittaker (1976) 参照）．一方，Einstein は，前に言ったように，Maxwell の理論を素直に受入れ，その理論が正しく成り立つような惰性系とはいったいどんな座標系なのか……というふうに問題を定式化した．すなわち，4 次元回転不変性を原理として，それを満たすように空間時間の概念を再構成した[*1]．したがって，以下で説明する Einstein の相対性理論を理解しようと思ったら，Galilei 変換 (I.3.2)，特に，<u>時間はすべての惰性系に対して同一である，ということを，ここですっかり頭の中からたたき出して，ほうむり去っておくことである</u>[*2].

§2. Einstein の相対性理論

Einstein の公理

　今まで何度も言ったように，物理学の基本方程式は，唯一の座標系で成り立っただけでは，適用範囲が狭くてお話にならない．しかも Michelson-Morley の実験によって示されたように，ether に対するわれわれの速度は力学的にはもちろんのこと，電磁気的な手段によっても観測にかからない．し

[*1]　Newton 的な空間時間の概念に対する Mach の批判が，若い Einstein に強い影響を与えたという話は，あまりにも有名である．たとえば，文献 11) Seelig (1954) 参照.

[*2]　まず，その手はじめとして，路上に立っている彼女に対して，走る車の中から自分の時計によってデートを約束しないこと．走る列車の窓から，プラットホームに立っている子分に，自分の時計で命令をしないこと，などを心がけてはいかが.

たがって，Galilei の相対性原理を，電磁気学やその他すべての物理分野にまで拡張し，次の公理を置くのが合理的であろう．

　（公理 I）　物理学の基本法則は，すべての惰性系でその形が変わらない[*1]．（Einstein の相対性原理）

　この公理の意味は以下に説明するが，これだけでは"惰性系"というものがまだ指定されていない．そこで惰性系とはどんなものかを指定するために，さらに次の公理をおく．

　（公理 II）　すべての惰性系において，光の真空中における速度は，光源の運動状態によらず，すべて相等しい値をもつ．（光速度不変の原理）

　これらの公理を満たすような惰性系が存在し，かつ電磁気の理論や力学の理論を，矛盾なく再構成できるかどうかは，ここではもちろん，まだ自明ではない．結果を述べれば，それが可能である．そして，これら 2 つの公理の上にたてられた理論体系を**特殊相対性理論**（special theory of relativity）と呼ぶ．"特殊"という理由は，以上の原理が，惰性系に限って（すなわち，互いに加速度をもつような系の間の関係は除外されている）要請されているからである．惰性系という制限をつけない理論，つまり互いに加速しているような系の間の関係を問題にする理論を，**一般相対性理論**（general theory of relativity）といい，特に重力の問題を扱う[*2]．

　以下，特殊相対性理論に話を限り，上の 2 つの公理の意味，その直接の帰結，Galilei 変換との違い，などを見ていこう．まず，ここで，公理 I と II の

[*1]　これにはいろいろな異なった表現が用いられる．要は，世の中には，特別扱いを要するような，特別の座標系は存在しないということである．

[*2]　ここで，なぜ突然重力が出てきたかというと，Einstein によると，重力と加速度とは密接な関係にあるからである．ただし，この本ではこの関係についてはなにも議論しない．"紙面の都合上"と逃げたいところだが，正直に理由をいうと，私自身がこのことを完全に納得のいくほどよく理解していないからである．

順序を逆にさせてもらう．それは次のような理由による．第 I の公理は，第 II の公理に比べ，簡単なようでいて，その含むところの概念はたいへんむずかしい．おそらく，これから物理学を勉強して，10 年さき，20 年さきになっても，必ずこの“形が変わらない”という言葉の意味を考えさせられることが度々あると思う．これは Einstein の相対性理論に限らず，座標の回転とか，座標の推進とか，もっと抽象的な gauge 変換とかに対して，物理学の基本法則の“形が変わらない”という主張に出あう．その都度，自分はまだこの意味がよくわかっていないな·という気がすると思う．これが第 1 の理由である．第 2 の理由は，公理 II によって，相対性理論で問題にする惰性系の間の変換関係を規定しておかないと，第 I の公理は意味がはっきりしないからである．

このようなわけで，この章ではまず第 II の公理について考えてみよう．そうして，われわれの扱う惰性系および惰性系の間の関係がはっきりしてから，次の章で第 I の公理を頼りにして，Newton 力学に代わる相対論的力学を定式化しよう．

§3. 惰性系と Lorentz 変換

Einstein の第 II の公理

そこで，Einstein の第 II の公理を数学的にきちんと表現することを試みよう．そうすることによって，われわれは，空間時間の新しい概念を作りあげていくわけである．いま，ある惰性系（これは Maxwell の理論が，そのまま成り立つような 1 つの座標系という意味）を，$(\boldsymbol{x}, t)$ で表わす．次にもう 1 つ惰性系があったとして，それを $(\boldsymbol{x}', t')$ で表わそう．これら 2 つの座標系が，共に惰性系であるためには，次の条件を満たさなければならない．

(a) 一方の座標系での物体の等速運動は，他方でも等速運動である．物体が，一方の座標系に対して静止しているならば，その物体の他方の座標系に対する速度が，両座標系の相対速度である．

(b) 第 2 の座標系の，第 1 の座標系に対する速度が $\boldsymbol{V}$ ならば，第 1 の座標

系の，第 2 の座標系に対する速度は $-\boldsymbol{V}$ である．

(c)　両座標系で $\boldsymbol{x}^2 - c^2 t^2$ は不変である．すなわち

$$\boldsymbol{x}'^2 - c^2 t'^2 = \boldsymbol{x}^2 - c^2 t^2 \tag{3.1}$$

である*．

　これらの条件を満たす $(\boldsymbol{x}, t)$ と $(\boldsymbol{x}', t')$ の間の変換は，線形でなければならない．非線形変換を考えると，一方の座標系での一定速度が，他方の座標系では，その座標系における物体の位置に依存したものになってしまう（速度の計算 p. 66 を見よ）．そこで，計算を簡単にするために，座標系 $(\boldsymbol{x}', t')$ は $(\boldsymbol{x}, t)$ 座標系の x 方向に向いて速度 V で走っていると仮定し，線形関係

$$x' = A(V)x + B(V)x_0 \tag{3.2a}$$

$$y' = K(V)y \tag{3.2b}$$

$$z' = K(V)z \tag{3.2c}$$

$$x_0' = C(V)x + D(V)x_0 \tag{3.2d}$$

とおく．ただし

$$x_0 = ct \tag{3.3a}$$

$$x_0' = ct' \tag{3.3b}$$

である．そして係数 A, B, C, D, K を，上の条件を満たすように決めることができるならば，Einstein の公理を満たすような惰性系の間の変換式が得られたことになる．

　まず，条件 (b) により，(3.2) は

$$x = A(-V)x' + B(-V)x_0' \tag{3.4a}$$

$$y = K(-V)y' \tag{3.4b}$$

$$z = K(-V)z' \tag{3.4c}$$

$$x_0 = C(-V)x' + D(-V)x_0' \tag{3.4d}$$

と書けなければならない．(3.2) を (3.4) の右辺に代入すると

$$x = A(-V)(A(V)x + B(V)x_0)$$

---

*　この条件は，光がすべての惰性系で，光源の速度によらず，一定の速度をもつとする第 II の公理よりも強い．この点はあとで議論する．p. 61 参照．

$$+B(-V)(C(V)x+D(V)x_0)$$
$$= (A(-V)A(V)+B(-V)C(V))x$$
$$+(A(-V)B(V)+B(-V)D(V))x_0 \tag{3.5a}$$
$$y = K(-V)K(V)y \tag{3.5b}$$
$$z = K(-V)K(V)z \tag{3.5c}$$
$$x_0 = (C(-V)B(V)+D(-V)D(V))x_0$$
$$+(C(-V)A(V)+D(-V)C(V))x \tag{3.5d}$$

となる．これらが，すべての x, y, z, x_0 に対して成り立つためには

$$A(-V)A(V)+B(-V)C(V) = 1 \tag{3.6a}$$
$$A(-V)B(V)+B(-V)D(V) = 0 \tag{3.6b}$$
$$K(-V)K(V) = 1 \tag{3.6c}$$
$$C(-V)B(V)+D(-V)D(V) = 1 \tag{3.6d}$$
$$C(-V)A(V)+D(-V)C(V) = 0 \tag{3.6e}$$

である．次に (3.2) を (3.1) の左辺に代入すると

$$x'^2+y'^2+z'^2-x_0'^2$$
$$= (A^2(V)-C^2(V))x^2+K^2(V)(y^2+z^2)$$
$$-(D^2(V)-B^2(V))x_0^2$$
$$+2(A(V)B(V)-C(V)D(V))x_0 x \tag{3.7}$$

が得られる．そこで

$$A(V)B(V)-C(V)D(V) = 0 \tag{3.8a}$$
$$A^2(V)-C^2(V) = D^2(V)-B^2(V) = K^2(V) \tag{3.8b}$$

と選ぶと，(3.7) は

$$x'^2+y'^2+z'^2-x_0'^2 = K^2(V)(x^2+y^2+z^2-x_0^2) \tag{3.9}$$

となる．したがって，(3.8) の条件さえ満たされているならば，$(\boldsymbol{x}, x_0)$ 座標系と $(\boldsymbol{x}', x_0')$ 座標系とで，光は同じ速度 c で伝播することがわかる．

　これより強い条件 (3.1) を課すると，(3.9) と (3.1) から

$$K^2(V) = 1 \tag{3.10a}$$

でなければならず，したがって

$$K(V) = 1 \tag{3.10b}$$

と決まる．そこで (3.8a) により

$$\frac{C(V)}{A(V)} = \frac{B(V)}{D(V)} \equiv -\beta(V) \tag{3.11}$$

とおくと，(3.8b) と (3.10b) とにより

$$1 - \beta^2(V) = \frac{1}{A^2(V)} \tag{3.12a}$$

$$\therefore \ A^2(V) = 1/(1 - \beta^2(V)) \tag{3.12b}$$

同様にして，(3.8b)(3.10b) から

$$D^2(V) = 1/(1 - \beta^2(V)) \tag{3.13}$$

が得られる．いま $V \to 0$ で，$(\boldsymbol{x}', x_0')$ が $(\boldsymbol{x}, x_0)$ に戻ることを使うと，(3.12b)(3.13) から

$$A(V) = 1/\sqrt{1 - \beta^2(V)} \tag{3.14a}$$

$$D(V) = 1/\sqrt{1 - \beta^2(V)} \tag{3.14b}$$

さらに，定義 (3.11) によって

$$C(V) = -\beta(V)/\sqrt{1 - \beta^2(V)} \tag{3.14c}$$

$$B(V) = -\beta(V)/\sqrt{1 - \beta^2(V)} \tag{3.14d}$$

である．さて，式 (3.14) を (3.6b) に代入すると

$$\beta(V) + \beta(-V) = 0 \tag{3.15}$$

が得られる．これで，A, B, C, D が，1 つの V の奇関数 $\beta(V)$ によって表現されたことになる．この $\beta(V)$ を用いて，変換 (3.2) を書くと

$$x' = (x - \beta(V)x_0)/\sqrt{1 - \beta^2(V)} \tag{3.16a}$$

$$y' = y \tag{3.16b}$$

$$z' = z \tag{3.16c}$$

$$x_0' = (x_0 - \beta(V)x)/\sqrt{1 - \beta^2(V)} \tag{3.16d}$$

となる．この $\beta(V)$ の関数形を決めるには，条件 (a) の後半を用いる．そのために，(3.16a)(3.16d) を用いて速度を計算してみると

$$\frac{dx'}{dx_0'} = \frac{dx - \beta(V)dx_0}{dx_0 - \beta(V)dx} = \frac{\dfrac{dx}{dx_0} - \beta(V)}{1 - \beta(V)\dfrac{dx}{dx_0}} \tag{3.17}$$

が得られる．いま座標系 $(\boldsymbol{x}, x_0)$ に静止している物体を考えると，それは座標系 $(\boldsymbol{x}', x_0')$ では，速度 $-V$ で走っているはずである．したがって，式

(3.17) において

$$\frac{dx}{dx_0} = 0 \tag{3.18a}$$

$$\frac{dx'}{dx_0'} = -\frac{V}{c} \tag{3.18b}$$

を代入すると

$$\frac{V}{c} = \beta(V) \tag{3.19}$$

となる.

これで, 条件 (a), (b), (c) を満たすような変換が完全に求められたことになる. (3.19) を (3.16) に入れると, 両座標系の間の関係が, 相対速度 V によって完全に与えられる. この変換は, 互いに一様な速度で動いている系の間の関係を与えるものでありながら, Galilei 変換とは異なったものである. 特に, 両系における時間は, Galilei の時のように, すべての惰性系に共通のものではなく, (3.16d) に示されるように, 相手の系の位置にも依存する. このことの物理的意味は, 次節で考えよう.

ここで, ついでに計算しておくと

$$\frac{\partial}{\partial x} = \frac{\partial x'}{\partial x}\frac{\partial}{\partial x'} + \frac{\partial y'}{\partial x}\frac{\partial}{\partial y'} + \frac{\partial z'}{\partial x}\frac{\partial}{\partial z'} + \frac{\partial x_0'}{\partial x}\frac{\partial}{\partial x_0'}$$

$$= \left(\frac{\partial}{\partial x'} - \beta(V)\frac{\partial}{\partial x_0'}\right)\Big/\sqrt{1-\beta^2} \tag{3.20}$$

$$\frac{\partial}{\partial y} = \frac{\partial}{\partial y'}$$

$$\frac{\partial}{\partial z} = \frac{\partial}{\partial z'}$$

$$\frac{\partial}{\partial x_0} = \left(\frac{\partial}{\partial x_0'} - \beta(V)\frac{\partial}{\partial x'}\right)\Big/\sqrt{1-\beta^2} \tag{3.21}$$

容易にわかるように

$$\frac{\partial^2}{\partial x^2} + \frac{\partial^2}{\partial y^2} + \frac{\partial^2}{\partial z^2} - \frac{1}{c^2}\frac{\partial^2}{\partial t^2} = \frac{\partial^2}{\partial x'^2} + \frac{\partial^2}{\partial y'^2} + \frac{\partial^2}{\partial z'^2} - \frac{1}{c^2}\frac{\partial^2}{\partial t'^2} \tag{3.22}$$

が成り立っている.

　変換 (3.16) を, **x-方向への Lorentz 変換**とよぶ. もっと一般の Lorentz 変換〔つまり式 (3.1) を満たす一般の変換〕は, あとで議論する.

【注　意】

(1)　この変換 (3.16) は, $V \ll c$ のとき, β の一次までをとると

$$x' = x - \beta x_0 \tag{3.23a}$$

$$x_0' = x_0 - \beta x \tag{3.23b}$$

となる. これは x-方向への**無限小 Lorentz 変換**である. Galilei 変換とはちがって, 変換 (3.23) を何度も重ねると有限の Lorentz 変換が得られる (p.117 参照).

　Galilei 変換を得るには, (3.23b) を c で割って, それから $c \to \infty$ の極限をとる. すると (3.23) は, それぞれ

$$x' = x - Vt \tag{3.24a}$$

$$t' = t \tag{3.24b}$$

となり, Galilei 変換に一致する. この変換は何度重ねても, Lorentz 変換にはならないことに注意しよう.

(2)　もうすでに気がつかれたと思うが, (3.16) の変換は前章で考えた4次元回転の parameter χ を

$$\tanh \chi = \beta (= V/c) \tag{3.25a}$$

とおいたことになっている. このとき

$$\cosh \chi = 1/\sqrt{1 - \beta^2} \tag{3.25b}$$

$$\sinh \chi = \beta/\sqrt{1 - \beta^2} \tag{3.25c}$$

である.

(3)　これで Lorentz 変換と4次元回転（虚数角）の関係がわかったから, この関係を用いて Lorentz 変換の空間時間図形を書いたり, 数学的に整理したりすることができる. 以後, Lorentz 変換と4次元回転という言葉は, 全く同じ意味に用いることにする.

(4)　ただし, Einstein の理論では, $(\boldsymbol{x}, t)$ と $(\boldsymbol{x}', t')$ とを, はじめから惰性系の空間時間座標と考え, 両惰性系で光の速度が同じく c であるということを条件として, それら両惰性系の間の関係を求めたのに対し, 第 II 章の

議論では，$(\boldsymbol{x}, t)$ が現実の空間と時間であって，変換された $(\boldsymbol{u}, w)$ は，単に波動方程式を不変にするための数学的変数にすぎない．このように，解釈の点で根本的な違いがある．Einstein 以前には，現実の時間というものは，すべての座標系に対して絶対的かつ共通なものであった．この観点を捨てて，式 (3.16) を，完全に現実的な空間と時間の間に成り立つ惰性系の間の変換式と考える．したがって，式 (3.16d) に見られるように，時間というものはもはや，すべての惰性系に共通のものではなく，各惰性系は，それぞれ自分の時間をもつ．このために，たとえば"同時刻"という意味が，各惰性系で異なることになる．このことはさらに，物体の長さや，時計の進み方が，各惰性系によって異なるという事情を生みだす．これらのことは以下の節で詳しく議論する．

(5)　Einstein の第 II の公理は，すべての惰性系で，光の速度が光源の運動によらずに，同じ値 c をとることを主張するものである．この主張をそのまま取りあげると，上の計算で見たように，実は条件 (3.1) は強すぎる．光の速度が不変だというだけなら，式 (3.2) の $K(V)$ として，(3.6c) と (3.8b) を満たすものなら何をとってもよい．たとえば，

$$K(V) = \sqrt{(1-\beta(V))/(1+\beta(V))} \tag{3.26}$$

ととると，

$$x' = (x-\beta x_0)/(1+\beta) \tag{3.27a}$$

$$y' = y\sqrt{1-\beta}/\sqrt{1+\beta} \tag{3.27b}$$

$$z' = z\sqrt{1-\beta}/\sqrt{1+\beta} \tag{3.27c}$$

$$x_0' = (x_0-\beta x)/(1+\beta) \tag{3.27d}$$

となり，条件式 (3.6) はすべて満たされていることがわかる．式 (3.9) からすぐわかるように，この場合

$$\boldsymbol{x}'^2 - x_0'^2 = \frac{1-\beta}{1+\beta}(\boldsymbol{x}^2 - x_0^2) \tag{3.28}$$

が成り立つ．したがって，$\boldsymbol{x}^2 - x_0^2 = 0$ ならば $\boldsymbol{x}'^2 - x_0'^2 = 0$ であり，光の速度は両座標系で等しくなる．

　しかしながら，変換 (3.27) は，あとで (p.65) 考察するように，いろいろと物理的に不合理な結果を生ずるので，受入れることができない．した

がって，光速度不変性より強い条件（3.1）を課さなければならないのである．

⑹ われわれは，2つの惰性系の間の変換として，式（3.2）のように，線形変換を仮定した．そのために，両惰性系における速度の関係が式（3.17）で表現されるように，一方の惰性系における等速度運動は，他方の惰性系でも等速度運動になったのである．いま勝手な非線形変換を考えて，同様に計算してみるとこうはならず，一方の座標系の物体の等速運動が，他方の系ではその物体の位置にも依存することがすぐわかる．したがって，そのような非線形変換は，惰性系の間の変換と考えるわけにいかない．

§4. Einstein の空間時間概念*

式（3.16）に見るように，Einstein の理論によると，各惰性系は Galilei の時のように共通の時間をもっているのではなく，別々の時間をもっていることになる．これが Einstein の理論の最も特徴的な点で，ことをいろいろと複雑にする原因である（それはわれわれが，あまりにも Galilei の共通時間の概念にとらわれているから複雑に見えるので，実はその方が簡単なのかもしれない）．数式（3.16）を見ていたのでは，なかなかその物理的な意味をとらえることはむずかしいが，この点は，次の節で，時空を幾何学化することによってかなり直観的なイメージを画くことができるようになるから，安心していてよい．幾何学化しなくても，式（3.16）だけからわかることをここでまずまとめておこう．

まず，式（3.16）を次のように読む．ある事件（たとえば，爆発だとか，光が発射されるとか）が起こったとする．その事件がいつ，どこで起こったかを指定するために，1つの惰性系を考える．その惰性系において，その事件が起こった場所を x，事件の起こった時刻（かける c）を x_0 とする．同じ事件を，ちょうど車で通りかかった人が見たとき（簡単のため，車は，はじめの惰性系の x の正の方向に，速度 V で走っており，両者の座標の原点が一

---

* この節，少々むずかしいと思う読者は，§5，§6 を先に読んだ方がよいかもしれない．

致した時に，両者の時計も一致していたとする），彼の言う事件の起こったところを x'，時刻を x_0' とする．その時，前者の (x, x_0) と後者の (x', x_0') との間には，式 (3.16) が成り立つ．これが，式 (3.16) の意味するところである．

　ここまでは簡単だが，次に，2つの事件 A と B（この2つの事件の間には，因果関係があってもよいし，なくてもよい．全く勝手な2つの事件 A と B）を考える．すると，事件 A に対して，式 (3.16) が成り立ち，また事件 B に対して同じく式 (3.16) が成り立つ．すなわち

$$x_A' = (x_A - Vt_A)/\sqrt{1-\beta^2} \tag{4.1a}$$
$$t_A' = (t_A - Vx_A/c^2)/\sqrt{1-\beta^2} \tag{4.1b}$$
$$x_B' = (x_B - Vt_B)/\sqrt{1-\beta^2} \tag{4.1c}$$
$$t_B' = (t_B - Vx_B/c^2)/\sqrt{1-\beta^2} \tag{4.1d}$$

が成り立つ[*1]（Notation は説明しなくても明らかだと思う）．そこでまず，次のような場合を考えてみよう．

(1)　ダッシュのつかない方の惰性系で，事件 A と B が同じ位置，かつ異なった時刻に起こったとする[*2]．すなわち，

$$x_A = x_B \tag{4.2a}$$
$$t_A \neq t_B \tag{4.2b}$$

すると，(4.1b) と (4.1d) とから

$$t_B' - t_A' = (t_B - t_A)/\sqrt{1-\beta^2} \tag{4.3a}$$

が得られる．また，(4.1a) と (4.1c) とから

$$x_B' - x_A' = -V(t_B - t_A)/\sqrt{1-\beta^2} \tag{4.3b}$$

これらの式は，次のようなことを意味している．ダッシュのつかない方の惰性系で，同じ位置，異なった時刻に2つの事件が起こった場合，(4.3b) によると，それらの事件は，自動車で通りかかった人に対しては，同じ場所で起こっていない．また (4.3a) によると，ダッシュのつかない方の惰性系では，2つの事件が，時間 $t_B - t_A$ の間隔で起こったのに，自動車で通りかかった人

＊1　式 (4.1) のダッシュをつけかえて，同時に V を $-V$ とした式も成り立つことに注意．
＊2　以下，y と z の方は一応無視する．

に対しては，それよりも長い時間間隔 $t_\text{B}' - t_\text{A}'$ で起こったことになっている．つまり両者の時計の刻み方が異なっている[*1]．

【余　談】

　この時計のきざみ方の違いは，たとえば宇宙線中の不安定粒子を観測する場合に，実験的に確認される．宇宙から降ってくる不安定粒子を，地上（これが上のダッシュのついた方の惰性系）で観測すると，粒子の静止系（これがダッシュのつかない方）においての寿命よりも長く観測される．粒子にくっついた時計よりも，それに対して動いているわれわれの時計の方が，速く時を刻んでいる[*2]．

(2)　今度は

$$t_\text{B} = t_\text{A} \tag{4.4a}$$

$$x_\text{B} \neq x_\text{A} \tag{4.4b}$$

の場合を考えてみよう．すなわち，ダッシュのつかない惰性系で，相異なった場所で同時に事件が起こったとする．今度は，（4.1a）（4.1c）から

$$x_\text{B}' - x_\text{A}' = (x_\text{B} - x_\text{A})/\sqrt{1 - \beta^2} \tag{4.5a}$$

また，（4.1b）（4.1d）から

$$t_\text{B}' - t_\text{A}' = -V(x_\text{B} - x_\text{A})/c^2\sqrt{1 - \beta^2} \tag{4.5b}$$

である．（4.5a）によると，自動車で通りかかった男にとってもやはり異なった場所で事件は起こっている．この点は，何も新しいことはないが，（4.5b）によると，この男にとって，2つの事件は，同時には起こっていない！　すなわち，"同時"ということが，惰性系によって異なるという Galilei 変換の時には考えられなかった事情が現われる．同時ということが，惰性系によって異なるということ自体は，全く Galilei 的な常識に反することだが，このことがさらに次々と常識に反することをひき起こす．たとえば，誰でもご存知のように，Einstein の理論では，走っている棒は静止している時より短く見える．これも"同時"ということが，惰性系によって異なることの端的な表われである．

＊1　これを用いると，2人の犯罪目撃者について面白いお話が作れそうである．

＊2　これに関していわゆる"双子のパラドックス"というのがあるが，この本ではこれにふれない．たとえば文献 16）内山（1978）を見よ．

(3) "走っている棒が短くなる"ということを示すには，一応式 (4.1) まで戻らなければならない．そして，"棒の長さ"とはいったい何かを反省してみよう．"長さ"というためには，ある惰性系で，棒の両端の位置を**同時に**測らなければならない．棒の一端 A を時刻 t_A に測り，一端 B を時刻 t_B に測って，勝手に $x_B - x_A$ を計算したって，それは棒の長さとは関係ない．特に，棒が，この惰性系に関して動いている場合には，x_B と x_A とは時間と共に動いているから，同時刻 $t_A = t_B = t$ における量 $|x_B(t) - x_A(t)|$ を，この系における棒の長さと定義しなければならない．

いま，この棒が，ダッシュのついていない方の惰性系で，x の正の方向に速度 V で動いているとしよう．すると，棒はダッシュのついた方の惰性系では静止している（つまり，走っている自動車の中で，棒は静止している）．式 (4.1) で，$t_A = t_B = t$ とおくと

$$x_A' = (x_A - Vt)/\sqrt{1-\beta^2} \qquad (4.6a)$$

$$x_B' = (x_B - Vt)/\sqrt{1-\beta^2} \qquad (4.6b)$$

であり，この式の左辺は，t' によらない（棒は自動車に静止しているから）．そこでこの x_B' と x_A' の差が，棒の静止している時の長さ l_0 である．動いている時の棒の長さは，上に言ったように，(4.6) の右辺に現われている x_B と x_A の差である（その系で同時刻における位置を考えているから）．したがって，(4.6) の 2 式を引くと

$$|x_B - x_A| = l = l_0\sqrt{1-\beta^2} \qquad (< l_0) \qquad (4.7)$$

が得られる．すなわち，動いている時の棒の長さ l は静止している時のそれ l_0 より短くなる．

ここで注意しなければならないのは，長さは，運動の方向に短縮するのであって，運動に直角方向へは短縮しない．これは，Lorentz 変換の式 (3.16b) と (3.16c) に戻ってみればわかるであろう．もう一つ注意しなければならないことは，棒の短縮は，圧力などによるものではなく，完全に，空間時間の性質から来たことであるという点である．

【余　談】

前に考えた変換式 (3.27) を用いて上と同じ計算をしてみると，式 (4.7) の代わりに

$$l = l_0(1+\beta) \tag{4.8}$$

が得られる．したがって，変換 (3.27) によると，棒の長さは，棒が左に走るか右に走るかによって異なることになる．これは不可能なことではないかもしれないが，物理的には変なことである．前の，時計の刻み方の変化も同様に，時計の走る方向によってくるという変なことになる．これが，変換式 (3.27) を考えない理由である．

(4)　速度の合成則が，Galilei の時の式 (I.1.8) と異なったものであることも，Lorentz 変換 (3.16) からすぐわかる．それには，式 (3.17) を見ればよい．これによると，式 (3.19) を用いて

$$\frac{dx'}{dx_0{'}} = \frac{\dfrac{dx}{dx_0} - \dfrac{V}{c}}{1 - \dfrac{V}{c}\dfrac{dx}{dx_0}} \tag{4.9}$$

である．ある粒子の x 方向への速度が，両惰性系でそれぞれ，v_x および $v_x{'}$ とすると，(4.9) から

$$v_x{'} = \frac{v_x - V}{1 - \dfrac{1}{c^2} v_x V} \tag{4.10}$$

となる．すなわち，速度 v で走っている粒子を別の惰性系からながめると，Galilei の時に比べ，(4.10) の分母だけ異なっている．この分母のために，たとえば $v_x = c$ なら，$v_x{'}$ の方も c となる．

y や z 方向の速度合成則も，Galilei の時と異なり，

$$\frac{dy'}{dx_0{'}} = \frac{dy}{dx_0 - \dfrac{V}{c}dx}\sqrt{1-\beta^2} = \frac{\dfrac{dy}{dx_0}}{1 - \dfrac{V}{c}\dfrac{dx}{dx_0}}\sqrt{1-\beta^2}$$

$$\therefore\ v_y{'} = \frac{v_y}{1 - \dfrac{1}{c^2} v_x V}\sqrt{1-\beta^2} \tag{4.11a}$$

$$v_z{'} = \frac{v_z}{1 - \dfrac{1}{c^2} v_x V}\sqrt{1-\beta^2} \tag{4.11b}$$

となる.

【注　意】

このように，速度の合成則が異なるために，光の速度 c はいつでも c で
あり，何に対しての光の速度などといわなくてもよい．これは光速度不変
の原理から理論を作り直したので，あたり前といえばあたり前である.

なお，変換 (3.27) をとると，速度合成則は (4.10) (4.11) と全く同じ
になる．したがって，(4.10) (4.11) のような速度合成則を与える惰性系
間の変換は，Lorentz 変換 (3.16) に限られないことがわかる.

時計あわせ

さて，Einstein の時空においては，上に述べたように，Galilei 的な，絶対時
間を考える立場からすると，全く奇妙なことが起こる．特に"同時刻"とい
うことが，惰性系によって異なった意味をもってくる．さらに，時計は動く
と，時の刻み方が異なってくる.

ある１つの惰性系において，点 A で起こった事件と，点 B で起こった事件
とを比較する場合を考えてみよう．たとえば点 A から点 B まである粒子が
進んでいったとき，どれだけの時間が経ったかを問題にしてみる．この場
合，点 A にある時計の読みと，点 B にある時計の読みの差が，粒子が A か
ら B に達する時間に等しいであろう．ところが，そう言えるためには，A に
ある時計 W_A と B にある時計 W_B とが，うまく合っていなければならない.
そこで，W_A と W_B をどうして合わせるかが問題になる．W_B を点 A までも
っていって合わせるのでは困る．また B に戻す時に時計は加速度を受ける
から，せっかく合っていた２つの時計は，ずれてくるからである.

Einstein の提唱した時計あわせは，次のように行われる．点 A と点 B に
時計を固定する．次に時計 W_A から，時刻 t_A に，B に向かって光の信号を発
射する．W_B がその信号を受けとるや否や，W_B の読み t_B を W_A に向けて発
射し返す．その W_B からの信号を W_A が受けとったときの W_A の読みを t_A'
としたとき，もし

$$\frac{1}{2}(t_A' + t_A) = t_B \tag{4.12}$$

となっていれば，2 つの時計 W_A と W_B とは合っていることになる[1]．つい
でながら

$$\frac{c}{2}(t_A{}' - t_A) = x_{AB} \tag{4.13}$$

の方は，点 A と点 B の距離である．

たった 1 回だけ (4.12) を確かめただけでは，W_A と W_B とがその時だけ偶
然に合っていたのかもしれないので，上の操作を考えの上で，何度でも行う
必要があるのはもちろんである．また，空間の各点に固定された無限に多く
の時計を考え，これらすべてに対して，上述の時計あわせを行ってはじめて，
1 つの惰性系における時間的な記述が完全になる．もちろん，これは考えの
中だけで行えばよい[2]．これについては，前原先生の面白い解説がある（文
献 7) 前原 (1981) 参照).

因果律の問題

Einstein の時空理論によると，2 つの事件が同時であるということが，惰
性系によって異なる．式 (4.5) に見られるように，ある惰性系で同時であっ
たことが，別の惰性系では A より B が先に起こり，また，別の惰性系では A
より B が後に起こったりする．すると，A と B のどちらが原因で，どちらが
結果であるかという判断が，惰性系によって異なってくるように見える．こ
の問題には，しかし簡単な逃げ道がある．というよりも，むしろ，このこと

---

[1]　これは，時計が合っているということの定義と思った方がよいかもしれない．

[2]　実は私自身，この時計あわせには，どうもよく理解できない点がある．誰かに聞か
れると困るから，自分の方から質問しておくと，次のようなことである．上の Ein-
stein のやり方に従うと，B が W_B の読みを A に向って発射し返す場合，その光信号
は，"t_B" という情報を含んでいなければならない．情報を含んだ信号は必ず，有限
の時間の間にひろがっているだろう．そうすると，その有限の時間的なひろがりよ
りも正確に W_A と W_B とを合わせることはできないことになる．

　そこで，現代の技術を用いて，どれくらい短い光のパルスが観測されているのか
調べてみたら，次のようなデータが見つかった．それは 1982 年 Bell Lab. で行われ
た実験で，それによると，3×10^{-14} sec. つまり 10^{-5} cm の幅のパルスまで観測され
ている．原子の大きさは 10^{-8} cm，原子核が約 10^{-13} cm だから，やはり微視的な領
域に入ると，Einstein の時計あわせは，かなり不正確である．巨視的物理に話を限
れば大丈夫だと思うが．

のために因果律の意味が，かえって明確になる．

まず，"AとBの2つの事件の間に因果関係がある"とは，どういう意味であるかを考えて見よう．Aという事件が起こったがためにBという事件がひき起こされたとき，事件Aは事件Bの原因であると考えるのが自然であろう．事件Aと無関係に事件Bが起こった場合には，2つの事件AとBのどっちが先に起こったと言おうが，世の中の大勢には全く関係ない．

Aという男がサッと手をあげ，全くあかの他人の彼女Bが別の場所で，ハンドバッグをドスンと落したのを，ある惰性系でながめたとき，Aが手をあげた方が先だったとする．そこを高速の自動車で通りかかった別の観測者（これは別の惰性系）が見て，彼女Bがハンドバッグを落した方が先だったとしても，これはけんかにならない．

しかし，もし，彼が手をあげたのを彼女が見て，びっくりしてハンドバッグを落したのだとすると，話が変わってくる．この場合は，彼が手をあげたことが原因となって彼女がハンドバッグを落したのだから，因果関係ははっきりしている．この場合は，すべての惰性系にとって，男が手をあげた方が先で，彼女がハンドバッグを落した方があとでなければならないだろう．このことは，Lorentz変換 (4.1) の中に，次のように表われている．

いま，ある惰性系で，彼が手をあげた場所を x_A，その時刻を t_A とする．それを彼女が見てハンドバッグを落した場所を x_B，その瞬間を t_B とすると，もちろん光が点AからBまで伝わったのだから

$$x_B - x_A = \pm c(t_B - t_A) \tag{4.14}$$

が成り立っている．また，この惰性系では，事件Bがあとだから

$$t_B - t_A > 0 \tag{4.15}$$

である．さて，式 (4.1d) (4.1b) とから，別の惰性系で，

$$t_B' - t_A' = \{t_B - t_A - \frac{V}{c^2}(x_B - x_A)\}/\sqrt{1-\beta^2} \tag{4.16}$$

が成り立つ．これに (4.14) を代入すると

$$t_B' - t_A' = (t_B - t_A)\frac{1 \mp \beta}{\sqrt{1-\beta^2}} \tag{4.17}$$

となる．惰性系の間の相対速度は，常に光速度より小さいから，したがって，

式 (4.17) の右辺の $(1 \mp \beta) / \sqrt{1-\beta^2}$ は常に正である．したがって，式 (4.15) が成り立つならば，ダッシュのついた方の座標系でも

$$t_\mathrm{B}' - t_\mathrm{A}' > 0 \tag{4.18}$$

である．すなわち 1 つの惰性系で，事件 A が事件 B の原因であるならば，別の惰性系でも同様であって，原因と結果がひっくりかえることはない．

上の計算では，彼と彼女の間に光が伝わるとして計算した．もっと遅い communication，たとえば音を考えるならば，式 (4.14) 右辺の c を音速 c_s で置きかえてやればよい．結果はやはり，式 (4.15) が成り立ったら，別の惰性系でも (4.18) が成り立つ．

未来，過去

したがって，ある事件 A に対して，その点から光の信号または光より遅い信号が伝わりうる時間空間の部分は，惰性系によらず同じである．その部分を，事件 A の**未来**と呼ぶ．数式で書くと，点 $(x_\mathrm{A}, t_\mathrm{A})$ に対し

$$|x - x_\mathrm{A}| < c(t - t_\mathrm{A}) \qquad (t > t_\mathrm{A}) \tag{4.19}$$

で与えられるすべての点 (x, t) の集まりを，点 $(x_\mathrm{A}, t_\mathrm{A})$ に対する未来と呼ぶ．また，点 $(x_\mathrm{A}, t_\mathrm{A})$ に，光または光より遅い信号を送りうる空間時間の部分を，点 $(x_\mathrm{A}, t_\mathrm{A})$ の**過去**と呼ぶ．数式で書くと

$$|x - x_\mathrm{A}| < c(t_\mathrm{A} - t) \qquad (t_\mathrm{A} > t) \tag{4.20}$$

である．式 (4.19)(4.20) の両方とも満たさない，空間時間の範囲，すなわち

$$(x - x_\mathrm{A})^2 > c^2(t - t_\mathrm{A})^2 \tag{4.21}$$

で表わされる点 (x, t) の集まりを "現在的" と呼ぶことにしよう．点 $(x_\mathrm{A}, t_\mathrm{A})$ と現在的な領域の間では，光またはそれより遅い信号によって互いに連絡できない．未来と過去とは，このように，光またはそれより遅い信号で連絡できない現在的な領域によって，はっきりと分離されている．

§5.　空間時間図形　I　（Minkowski 測度）

前節で述べた空間時間の構造は，以下に見るように，空間時間の画を描いてみると，いろいろとはっきりする．画の描き方には，この節で述べる

Minkowski 測度による方法と，次の節で述べる，Euclidean 測度による方法
とがある．それらの使い方をまず述べると，次のような区別がある．

この節で扱う Minkowski 測度による図形の方法では，それを紙の上に書
いた場合，惰性系によって尺度が変わるので，紙の上の図形をそのまま用い
て計算を遂行するわけにはいかない．紙の上の図は，考えている過程の時間
空間的構造の見当をつけるのに用い，何を計算したらよいかを見極めてか
ら，Lorentz 変換式（3.16）または（4.1）を用いて計算する．

次節で紹介する Euclid 測度による図形の方法は，Minkowski 測度による
図形の方法における尺度の変化を考慮して，紙の上に書かれた空間時間図形
をそのまま用いて計算を遂行できるようにしたもので，Lorentz 変換式
（3.16）や（4.1）などは自動的に満たされているから，それらを一応忘れて計
算を行うことができる．ただし，あまり複雑な計算には使えない．

空間軸

Lorentz 変換（3.16）を，紙の上に描くには，Galilei 変換の時と同様にす
る．ただしこの場合，c という次元をもった量が理論の中に入っているから，
縦軸の方には，t の代わりに $x_0 \equiv ct$ をとる方が便利である．ダッシュのつい
ていない座標系として，図3.1のように直線直交座標を描く*．まず x_0' 軸を
決めるために，（3.16）で $x'=0$ とおくと

$$x - \beta x_0 = 0 \tag{5.1}$$

である．式（5.1）が，x_0' 軸を決める方程式で，これによると，x_0-軸と $\alpha \equiv$
$\tan^{-1}\beta$ なる角をなす直線が得られる．

x'-軸を決めるために，（3.16）で，$x_0'=0$ とおくと

$$x_0 - \beta x = 0 \tag{5.2}$$

が得られる．これは x-軸と，同じく角 $\alpha(=\tan^{-1}\beta)$ をなす直線である．し
たがって，ダッシュのついた方の座標系は図3.2のようになる．光は，x-軸
と 45° をなす点線上を走る．ダッシュのついた座標系でも，光の進路は同じ

---

* Galilei 変換のときもそうであったように，直線直交座標から出発するのは便宜にすぎ
　ない．斜交座標から出発してもいっこうにかまわない．p.90 参照．

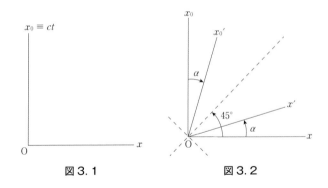

$x_0 \equiv ct$

O ——— x

図 3.1

図 3.2

点線である.

　さて，x' と x_0' の両軸が決まったが，新しい軸上のスケールはどうなっているだろうか．そのスケールを見出すには，変換による不変量 (3.1) をたよりにすればよい．まず，図 3.2 の上に

$$x^2 - x_0^2 = a^2 \tag{5.3}$$

で表わされる曲線を描いてみると，図 3.3 が得られる．したがって，点 A の座標は，この座標系で，

$$(x_\mathrm{A}, x_\mathrm{0A}) = (a, 0) \tag{5.4}$$

である.

　(5.3) の曲線と x'-軸の交わる点を B とすると，点 B はダッシュのつかない方の座標系では

$$(x_\mathrm{B}, x_\mathrm{0B}) = \left(\frac{a}{\sqrt{1-\beta^2}}, \frac{a\beta}{\sqrt{1-\beta^2}} \right) \tag{5.5}$$

である．一方，ダッシュのついた方の座標系では，(3.1) および (5.3) により，

$$x'^2 - x_0'^2 = a^2 \tag{5.6}$$

したがって点 B は，ダッシュのついた座標系では

$$(x_\mathrm{B}', x_\mathrm{0B}') = (a, 0) \tag{5.7}$$

である.

　式 (5.4) と (5.7) を比べると，両座標

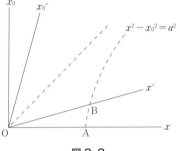

$x^2 - x_0^2 = a^2$

図 3.3

系でスケールが変わっていることがわかる．もっと光の進路に近い x'-軸（これはダッシュのつかない系に対して光の速度に近い速さで動いている惰性系を考えることにあたる）をとってみると，このスケールの違いがもっと著しくなる．

【蛇 足】

　軸が光の点線に近づくにつれてますますスケールがのびてくる事情は，ちょうど平面上の世界地図を見たとき，北極や南極に近い国がたいへん大きく見えることにあたる．われわれは地球が丸いことを知っているので，このスケールの変化を頭の中で補正し直して考えることに，あまり無理を感じない．しかし，光の速度に近い速さで走っているものを見ることはないので，それを 2 次元の紙の上に表わした時，何となく変な気がするのだろう．

　ついでだから，世界地図の上で，赤道から距離 y だけ離れた点でのスケールがどれだけ変わっているか計算してみると，$1/\cos(y/R)$ だけスケールが，ずれることがわかる．ただし，R は地球の半径で，ほぼ $6.37 \times 10^8\,\mathrm{cm}$ くらいである．y は，考えている点の赤道からの距離で，北極では $y = \pi R/2$ である．

時間軸

　さて，上のことを時間軸の方についても行うと，いろいろな惰性系で，軸上の目盛りは図 3.4 のようになる．これら a, b, c 3 つの惰性系を重ねて見ると，$x=1$, $x'=1$, $x''=1$ の点は，ちょうど曲線

$$x^2 - x_0{}^2 = 1$$

の上に乗っている．$x=2$, $x'=2$, $x''=2$ の点は

$$x^2 - x_0{}^2 = 2^2$$

の曲線の上に乗っている．どの惰性系においても，物差しは普通の物差しのように，1 cm，2 cm，3 cm，……と等間隔だが，異なった惰性系の間では，2 次元の紙の上では違う物差しを用いなければならない．したがって，Lorentz 変換を 2 次元の紙の上に書いて考える場合，このままでは，普通の三角法の公式などを用いてはいけない．この点を改良したのが，次節で論じる

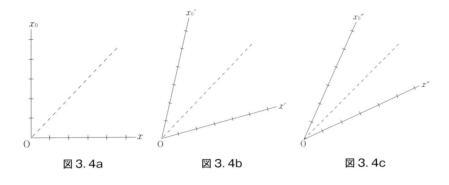

図 3. 4a　　　　　　　図 3. 4b　　　　　　　図 3. 4c

Euclid 測度による図形の方法である．これに対し，この節の図形の方法を Minkowski 測度による図形の方法と呼んでおこう.

Minkowski 測度の図形

　Minkowski 測度による方法では，以上に見たように惰性系によって異なったスケールを用いなければならないので，実際に何か物理的なものを計算しようと思ったら，まず Minkowski 測度による図をかいて何を計算すべきかの見当をつけ，それから Lorentz 変換の式（3.16）または（4.1）を用いて計算を遂行する．図にそのまま三角法を用いたりしてはいけない.

Lorentz 短縮

　たとえば，Minkowski 測度の方法で，長さの短縮を論じようと思ったら次のような図 3.5 を描く．これは，棒が，この惰性系に対して静止している図である．棒の一端は原点にあり，他端が $x=\mathrm{OA}$ の点に静止している．x_0-軸が，棒の一端の世界線，A−B が棒の他端の世界線である．したがって，この惰性系で棒の長さは $\mathrm{OA}\equiv l_0$ である.

　そこで，この棒を，棒に対して速度 V で動いている惰性系からながめてみる．それには図 3.6 のように，x-軸と角 $\alpha=\tan^{-1}(V/c)$ をなす座標軸を書いて見ればよい．そうすると，この座標系では時刻 $x_0'=0$ に棒の両端はそれぞれ O と A' にある．したがって，この惰性系にとっては，棒の長さは $\mathrm{OA}'=l$ である．図 3.6 で見ると，l は l_0 より長いように見えるが，これは先

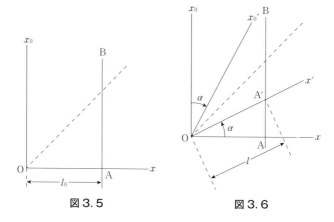

図3.5　　　　　　　　図3.6

ほど触れた Minkowski 測度のためにそう見えるだけで，実は l の方が l_0 よ
り短い．それを図の上で見るには，点 A′ を通り，$x^2-x_0{}^2=l^2$ を満たす曲線
を書いて見るとよい．するとこの曲線の x-軸との交点は，O と A の間にで
きる．したがって，$l<l_0$ であることがわかる．どれだけ l_0 より短いかを知
るには，前節で計算したように，直接 Lorentz 変換の式に頼らなければなら
ない．

　l が l_0 より短いということは相対的なことであって，直角座標として棒が
動いている方をとり，斜交座標として棒が静止している方をとっても，やは
り棒が動いている惰性系（この場合はダッシュのつかない直交系）の方で測
ったら，棒は短く見える．これを Minkowski 測度の図で書くと，図 3.7a, b
のようになる．説明は不要であろう．

時間ののび

　時間ののびに関しても全く同様のことが言える．この場合，Minkowski 測
度による図形は，図 3.8a と図 3.8b のようになる．どれだけ時間がのびるか
は，やはり Lorentz 変換の式（4.1）を用いて計算しなければならない．図
3.8a では，点 A で事件が起こったものである．それをダッシュのついた惰
性系の時計で記録すると τ_0，同じものをダッシュのつかない方の惰性系の時
計で記述すると τ であって，図から明らかなように，$\tau>\tau_0$ となっている．

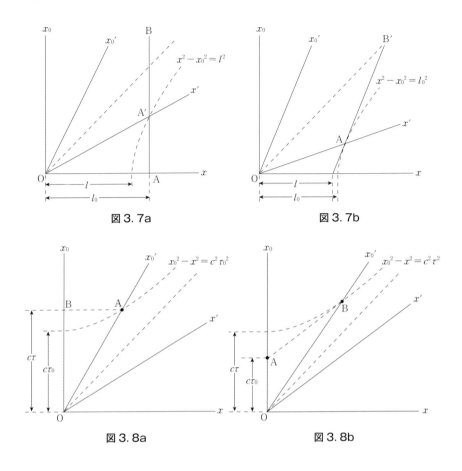

図 3.7a　　　　　　　　　　　図 3.7b

図 3.8a　　　　　　　　　　　図 3.8b

図 3.8b の方では，事件 A をダッシュのつかない方の時計で記録すると τ_0，ダッシュのついた方の時計では τ であって，上の場合と同様，いずれにしても $\tau > \tau_0$，つまり動いている方の時計は，速く時を刻むことになる．

同時性

　前に議論した同時性のことも，図を描いてみるとはっきりする．各惰性系で，空間軸に平行な線の上に乗っている 2 つの事件 A と B は，その惰性系では同時に起こっているが，別の惰性系から見ると，空間軸に平行な線の上には乗っていないから，同時ではない．

光速不変

　光がすべての惰性系で同じ速度で走るということは，図を描いてみると，図3.9のようになる．(x, x_0) 座標の方で，距離 l_0 を光が走ると，光が点 B に達するのに要する時間（かける c）は，長さ OC で与えられる．一方，もう1つの惰性系で，同じ距離（この惰性系での長さ）l_0 は，図の上では OA′ で，これを光が走るに要する時間（かける c）は，長さ OC′ である．これはちょうど $x_0{}^2 - x^2 = l_0{}^2$ の線の上に乗っているから，その惰性系での時計による値は OC と同じである．それぞれの惰性系における物差しと時計で測ると，光の速度は，すべて $c = 3 \times 10^{10}$ cm/sec. になる．

　走っている列車の真中で，ある瞬間，光を発射すると，図3.10が得られる．線分 AA′ は列車の後端，線分 BB′ は列車の先端である．列車の真中（その世界線が MM′）のある点 M_0 で光を出すと，光は列車の後端には A_0 で到着し，先端には B_0 で到着する．列車と共に動いている惰性系（ダッシュをつけた方）では，線分 $A_0 B_0$ は空間軸に平行だから，光はこの惰性系では同時に列車の前端と後端に達している．列車の外にいる観測者（これがダッシュをつけない直交座標系）にとっては，A_0 と B_0 から x_0 軸に垂線を下ろしてみればわかるように，光は列車の後端にまず到着し，それから前端に到

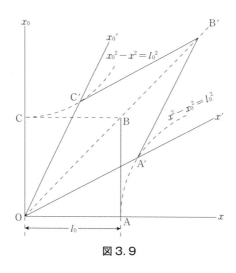

図3.9

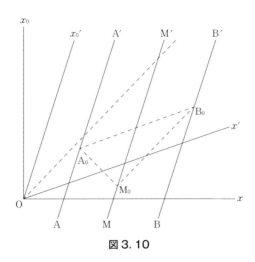

図 3. 10

着している．列車の外にいる観測者にとって，この時間がどれくらいになる
かを計算するには，やはり式（4.1）を用いなければならない．ただし，この
計算は，次節で説明する Euclid 測度の方法を用いる方が容易である．

因果律

　因果律の問題も，画を書くと，事がたいへんはっきりする．ある惰性系
（それを図 3.11 のように直交座標で表わす）で，原点を通る光の世界線は，
例によって座標軸と 45° をなす 2 つの点線で表わされる．相対論では，光よ
り速く走る粒子は考えないから，すべての粒子の世界線は，もしそれが原点
を通るものなら，必ず 2 つの点線の間に入ってい
なければならない．そのような世界線が，現実に
観測される粒子のものである．

　そこで，この図の中の 2 点 A と B を考えると
き，

$$(x_A - x_B)^2 - c^2 (t_A - t_B)^2 > 0 \qquad (5.8)$$

ならば，2 点 A，B は光より遅い信号で情報を交
換することは不可能であり，

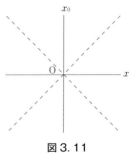

図 3. 11

$$(x_\mathrm{A}-x_\mathrm{B})^2-c^2(t_\mathrm{A}-t_\mathrm{B})^2<0 \tag{5.9}$$

ならば，光より遅い信号で情報を交換することが可能である．この場合は，AとBの間に因果関係が存在しうる．

式（5.8）の関係にある2点A，Bは，互いに**空間的**な関係にあるといい，式（5.9）の関係にある点A，Bは，互いに**時間的**な関係にあるという．図3.11における点線，すなわち，光のパルスの歴史を表わす線は，空間の方を2次元にすると，ちょうどOを頂点とする円錐になる．これは，空間の次元によらず，**光円錐**（light cone）と呼ぶ．空間中の点Aを通る粒子の世界線は，必ずAを頂点とする光円錐の内部にくる（光より速く走る粒子などというものがあるとすると，その粒子の世界線は，光円錐の外に出る）．

§6. 空間時間図形　II（Euclid 測度）

前節で説明したMinkowski 測度による図形の方法は，数式（3.16）または（4.1）で表わされたLorentz 変換を，紙の上の図できわめて直観的に理解するのには役に立つが，惰性系によって異なったスケールを用いているということから，定量的な計算をやる場合には注意を要する．必ず，もとのLorentz 変換（3.16）または（4.1）を用いて計算した方が安全である．

この点を改良し，紙の上に描いた図形をそのまま用い，三角法の公式を活用して，長さの短縮や時間の遅れ，速度の加法，Doppler 効果などを計算する方法も存在する．この方法を用いる場合には，一々，もとのLorentz 変換の式（3.16）や（4.1）に戻らなくても，図形がその点を自動的に考慮してくれるという利点がある．使う数学は三角法程度で間に合う．

Euclid 測度の図形

図形の方法をこのように改造するために，一応前節の式（5.5）（5.7）まで戻ることにしよう．式（5.5）によると図3.3の点Bは (x, x_0) 座標の長さの単位で測ると，原点から距離

$$\sqrt{x_\mathrm{B}{}^2+x_{0\mathrm{B}}{}^2}=a\sqrt{\frac{1+\beta^2}{1-\beta^2}} \tag{6.1}$$

だけ離れている．これを新しい惰性系（ダッシュのついたもの）では，長さ a と読むのが Minkowski 測度の図形の方法である．式 (6.1) を見ればわかるように，紙の上に書いた図形では尺度が $\sqrt{(1+\beta^2)/(1-\beta^2)} \equiv k$ だけずれている．したがって，紙の上に書いた図形でこの読み直しをやる代わりに，ダッシュのついた方の座標軸には x' をプロットしないで，$x'k$ をプロットしておけば，一々読み直しをする必要がなくなる．時間軸の方も全く同じで，x_0' の代わりに $x_0'k$ をプロットしておけば，一々 scale の読みかえをしないでも，Lorentz 変換 (3.16) がそのまま満たされている．このことをまず，たしかめておこう．

Lorentz 変換

いま，図 3.12 のように，点 P の位置を 2 つの惰性系で記述してみる．明らかに

$$
\left.\begin{array}{ll}
\text{OA} = x, & \text{PA} = x_0 \\
\text{OA}' = x'k, & \text{PA}' = x_0'k \\
\angle \text{APA}' = \alpha = \tan^{-1}(V/c) &
\end{array}\right\} \tag{6.2}
$$

である．この図によると

$$
\text{OA} = \text{OB} + \text{BA} \tag{6.3a}
$$

$$
\text{PA} = \text{PC} + \text{CA} \tag{6.3b}
$$

である．ところが

$$
\text{OB} = \text{OA}'\cos\alpha = x'k\cos\alpha \tag{6.4a}
$$

$$
\text{BA} = \text{CA}' = \text{PA}'\sin\alpha = x_0'k\sin\alpha \tag{6.4b}
$$

この式を (6.3a) に代入して，(6.2) を用いると

$$
x = (x'\cos\alpha + x_0'\sin\alpha)k \tag{6.5a}
$$

同様に (6.3b) から

$$
x_0 = (x_0'\cos\alpha + x'\sin\alpha)k \tag{6.5b}
$$

しかし

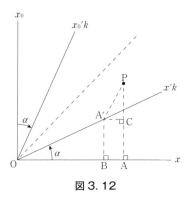

図 3.12

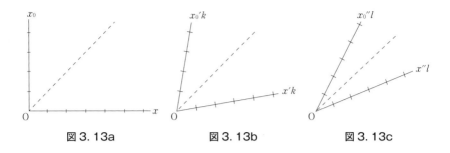

図 3. 13a　　　　　　　図 3. 13b　　　　　　図 3. 13c

$$\tan \alpha = V/c \equiv \beta \tag{6.6a}$$

$$\cos \alpha = 1/\sqrt{1+\beta^2} \tag{6.6b}$$

$$\sin \alpha = \beta/\sqrt{1+\beta^2} \tag{6.6c}$$

だから，これらを式（6.5）に代入し，

$$k = \sqrt{\frac{1+\beta^2}{1-\beta^2}} \tag{6.7}$$

を用いると

$$x = (x'+\beta x_0')/\sqrt{1-\beta^2} \tag{6.8a}$$

$$x_0 = (x_0'+\beta x')/\sqrt{1-\beta^2} \tag{6.8b}$$

が得られる．これは，まさに，Lorentz 変換（3.16）の逆変換である．これ
で，図形 3.12 においては，そのまま三角法を使うと Lorentz 変換が満たされ
ていることがわかった．斜めになった線では，いつでもその角度に応じて，
k だけの補正をしたものをプロットしておくのがミソである．前の図 3.4 に
対応した図形を書いておくと，図 3.13 のようになる．この場合には，軸上の
スケールは，3 つの図形全部について同じである．しかし，軸上にプロット
したものは，軸の傾き方によって異なる．この図形による方法を，**Euclid 測
度による図形の方法**と呼んでおこう．

斜交座標における物体の速度

　棒の短縮，時間ののび，速度の加法，Doppler 効果の計算を行う前に，斜交
座標系において世界線 AB を見たとき，その速度が何であるかを知っておく
と便利である．いま，世界線 AB が空間軸となす角を ξ，時間軸をなす角を

81

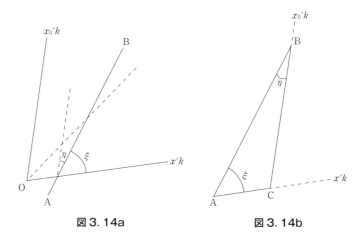

図 3. 14a　　　　　　図 3. 14b

η とすると，図 3.14b 図から読みとれるように，この惰性系における世界線 AB の速度 v' は

$$\frac{v'}{c} = \frac{\text{AC}}{\text{BC}} = \frac{\sin \eta}{\sin \xi} \qquad (6.9)$$

で与えられる．速度の計算は空間座標と時間座標の比をとることだから，うまい具合に，k が消えてしまう.

長さの短縮

　動いている棒の長さ l が，静止しているときの長さ l_0 より短くなるということを，Euclid 測度の図形を用いて計算するには，まず図 3.15 を描く．AB は棒の先端の世界線，CD は棒の後端の世界線である．この棒はダッシュのつかない惰性系に対して静止しているから，

$$\text{AC} = l_0 \qquad (6.10)$$

である．この惰性系に対して速度 V で走っている惰性系（したがって，$\tan \alpha = V/c = \beta$）を，ダッシュをつけて表わすと，その系において同時刻にある棒の両端は A'C' である．

この軸には，$x'k$ がプロットしてあるから

$$\text{A'C'} = lk \qquad (6.11)$$

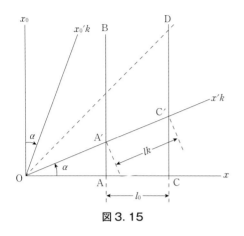

図 3.15

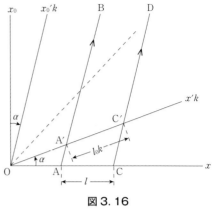

図 3.16

すると直ちに

$$\frac{\text{AC}}{\text{A}'\text{C}'} = \frac{l_0}{lk} = \cos\alpha \tag{6.12}$$

が得られる．したがって，(6.6b)，(6.7) により

$$l = l_0 \frac{1}{k\cos\alpha} = l_0 \frac{\sqrt{1-\beta^2}}{\sqrt{1+\beta^2}}\sqrt{1+\beta^2} = l_0\sqrt{1-\beta^2} \tag{6.13}$$

となり，前の計算 (4.7) に一致する．

ダッシュのついた惯性系とつかない方とを交換して，図 3.16 を取扱っても同じである．ただしこの場合には，A'C' が棒の静止した時の長さ（かける k）で

$$\text{A}'\text{C}' = l_0 k \tag{6.14}$$

また

$$\text{AC} = l \tag{6.15}$$

である．線分 AC を A' のところまで平行移動して図 3.17 のような三角形 A'CC' を考えると

$$\frac{\text{A}'\text{C}}{\text{A}'\text{C}'} = \frac{l}{l_0 k} = \frac{\sin\left(\dfrac{\pi}{2}-2\alpha\right)}{\sin\left(\dfrac{\pi}{2}-\alpha\right)} = \frac{\cos 2\alpha}{\cos\alpha}$$

$$(6.16)$$

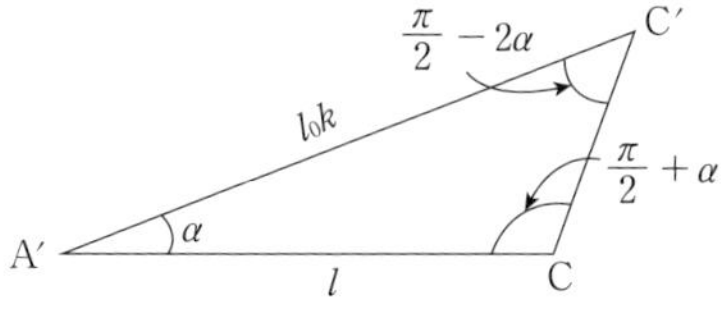

図 3.17

$$\therefore \quad l = l_0 k \frac{\cos 2\alpha}{\cos \alpha} = l_0 \sqrt{\frac{1+\beta^2}{1-\beta^2}} \sqrt{1+\beta^2} \frac{1-\beta^2}{1+\beta^2}$$

$$= l_0 \sqrt{1-\beta^2} \tag{6.17}$$

やはり (6.13) と同じになる．これで，長さの短縮ということが，完全に相対的であることがわかる．

【蛇　足】

　物体の長さは，走る方向に $\sqrt{1-\beta^2}$ だけ短くなり，走る方向と直角方向では長さは変わらない．しかし，たとえば正立方体が走ると，走る方向に平たく "見える" と思うのは早合点である．物が "見える" という意味は，物から出た光が観測者の目に入るということだから，物体の遠くの方から出た光は，近くの方から出た光より目に入るまでによけい時間がかかることを考慮しなければならない．このことを考慮すると，おどろくなかれ，立方体は立方体のまま，それの走る方向と，観測者と立方体とを結ぶ方向に直角な軸のまわりに，角 $\sin^{-1}\beta$ だけ回転して見えることになる．

　このことを理解するために，図 3.18 のように，速度 $\boldsymbol{v}$ で，右の方に飛んでいる正立方体を考えよう．立方体の後方が赤く，観測者の側が黄色であるとしよう．図 3.19 は，この立方体を少し上の方から図にかいたものである．ある瞬間，立方体の観測者から遠方の辺 AB から出た光が，近い方の辺 DC のところまで来るのには，時間 l_0/c だけかかる．その間に，立方体の方は，図の実線の位置 A′B′C′D′ まで来ている．立方体の速度は $\boldsymbol{v}$ だから，長さ CC′ は $vl_0/c = l_0\beta$ である．つまり，観測者には CC′D′D の面だけ赤く見える．長さ C′E は Lorentz 短縮によって $l_0\sqrt{1-\beta^2}$ である．したがって，真横にいる観測者には，図 3.20a のようなものが見えることになる．これはちょうど図 3.20b（これは立方体を真上から描いたもの）の位置にある立方体の射影と同じである．つまり立方体は，角 $\alpha = \sin^{-1}\beta$ だけまわったように見える．物体の速度が速くなるに従って，赤い面がひろがってくる．一方，黄色い部分は，Lorentz 短縮のためにだんだんと小さくなり，物体の速さが光速度 c に達すると，黄色い側面は完全に消えて，赤い後面だけが見えるようになる

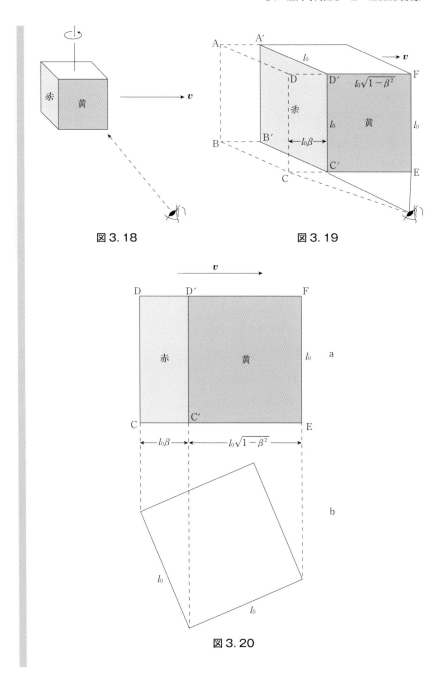

図 3. 18　　　　　　図 3. 19

図 3. 20

　（走っている球をながめても，それは楕円体に見えるわけではなく，球が
回転して"見える"ということも証明できる*）.

時間ののび

　時間ののびも同様に計算できる．図 3.21 のように，2 つの事件 A′ と B′
が，ある惰性系（ダッシュのついた方）の時間軸上で起こったとする．この
2 つの事件は，したがって，ダッシュのついた方の惰性系で静止している．
ダッシュのついた方の惰性系で，2 つの事件が起こった時間間隔を τ_0 とする
とき

$$A'B' = c\tau_0 k \tag{6.18}$$

　一方，これら 2 つの事件を，それと速度 V で動いている惰性系（ダッシュ
のつかない方）で測ったとき，時間間隔が τ であったとする．このとき

$$AB = c\tau \tag{6.19}$$

　明らかに

$$\frac{AB}{A'B'} = \frac{\tau}{\tau_0 k} = \cos\alpha \tag{6.20}$$

$$\therefore \quad \tau = \tau_0 k \cos\alpha = \tau_0/\sqrt{1-\beta^2} \tag{6.21}$$

これは式（4.3）と同じである．

　事件がダッシュのつかない惰性系に対して静止しているときの計算は読者
にまかせるが，図だけ書いておくと図 3.22 のようになる．事件は点 A と B
に起こっている．これらをダッシュのついた方の惰性系で測るには，A, B
から x'-軸に平行線を引いて，x_0'-軸との交点を A′ と B′ とする．すると

$$AB = c\tau_0 \tag{6.22a}$$

$$A'B' = c\tau k \tag{6.22b}$$

である．これらはやはり（6.21）を満たす．したがって，時間ののびるのも
相対的なことである．

---

*　文献をあげておくと，R. Penrose, *Proc. Cambridge Philosophical Soc.*, Vol. 55, p. 137
　（1959）; V. F. Weisskopf, *Physics Today*, 13, 24（1960）.

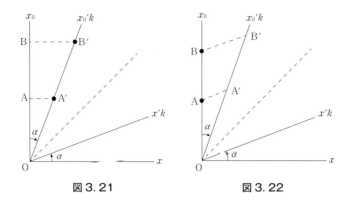

図3. 21   図3. 22

速度の加法

Euclid 測度の方法は，速度の加法の式を得るためにも使うことができる．それには，斜交座標における速度の式 (6.9) を思い出せばよい．ダッシュのつかない惰性系に対して，ある速度 v で走っている物体を考える．その世界線を AB とする．直線 AB と x 軸のなす角を γ とすると

$$\frac{v}{c} = \cot \gamma \qquad (6.23)$$

である．そこで，この惰性系に対して，速度 V で動いている惰性系をダッシュをつけて表わす．例によって

$$\frac{V}{c} = \tan \alpha \qquad (6.24)$$

である．図 3.23 によって ξ と η を求めると

$$\xi = \gamma - \alpha \qquad (6.25a)$$

$$\eta = \frac{\pi}{2} - \gamma - \alpha \qquad (6.25b)$$

このダッシュのついた方の惰性系における物体の速度は，(6.9) によって求められる．それを v' とすると，式 (6.9) (6.25) により

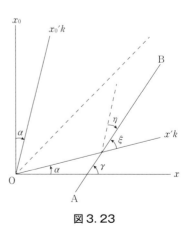

図3. 23

87

$$v' = c\frac{\sin\eta}{\sin\xi} = c\frac{\cos(\gamma+\alpha)}{\sin(\gamma-\alpha)} = c\frac{\cos\gamma\cos\alpha-\sin\gamma\sin\alpha}{\sin\gamma\cos\alpha-\cos\gamma\sin\alpha}$$

$$= c\frac{\cot\gamma-\tan\alpha}{1-\cot\gamma\tan\alpha} = \frac{v-V}{1-\dfrac{1}{c^2}vV} \tag{6.26}$$

となる．最後の段階では，(6.23)(6.24) を用いた．式 (6.26) は式 (4.10) に他ならない．速度に直角方向の速度の加法の式 (4.11) を得るのは，2 次元の紙の上に画をかく方法では扱いにくい．

Doppler 効果

Euclid 測度の図形を用いる例として，最後に，相対論における Doppler shift の計算をやっておこう．観測者が，光源から速度 V で遠ざかってゆく場合を考える．非相対論的な Doppler shift（p. 35）と同様，振動数はへってくることが予想される．図 3.24a のように原点 O に静止した光源が光を放出しているとする．x_0-軸から，45° をなして右上に向っている線は，光の波の山の世界線である．$OA_1 = A_1A_2 = \cdots\cdots$ が光の波の振動数の逆数（かける c）である．いま，この波を，光源に対して速度 V で遠ざかって行く観測者がながめるとする．この惰性系の量にダッシュをつけると，図 3.24b のような図ができる．

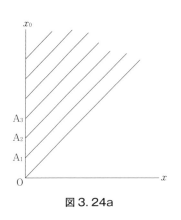

図 3. 24a

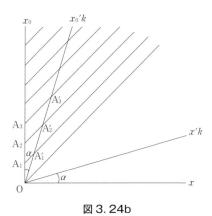

図 3. 24b

$$\mathrm{OA_1} = \frac{c}{\nu} \tag{6.27a}$$

$$\mathrm{OA_1'} = \frac{c}{\nu'}k \tag{6.27b}$$

$$\angle \mathrm{A_1 O A_1'} = \alpha = \tan^{-1}\beta \tag{6.27c}$$

$$\angle \mathrm{A_1 A_1' O} = \frac{\pi}{4} - \alpha \tag{6.27d}$$

$$\angle \mathrm{A_1' A_1 O} = \frac{3}{4}\pi \tag{6.27e}$$

を用いると，三角形 $\mathrm{OA_1 A_1'}$ に対して

$$\frac{\mathrm{OA_1}}{\mathrm{OA_1'}} = \frac{1/\nu}{k/\nu'} = \frac{\nu'}{k\nu} = \frac{\sin\left(\dfrac{\pi}{4}-\alpha\right)}{\sin\dfrac{3}{4}\pi} = \cos\alpha - \sin\alpha \tag{6.28}$$

したがって，

$$\nu' = \nu k(\cos\alpha - \sin\alpha) = \nu\sqrt{\frac{1+\beta^2}{1-\beta^2}}\frac{1-\beta}{\sqrt{1+\beta^2}}$$

$$= \nu\sqrt{\frac{1-\beta}{1+\beta}} \tag{6.29}$$

となる．非相対論的の式（I.5.8）（ただし $v=c$ としたもの）と比べると，$\beta \ll 1$ の場合，両者が一致していることがわかる．

　光源に近づいて行く観測者に対する Doppler shift の計算は，読者にまかせる．また，相対論的な場合には，時間ののびのため，観測者の速度に垂直な方向に進む波も Doppler shift をうける．ただし，この計算はこのような簡単な図形を用いていたのではむりである（p.128 参照）．

【演習問題】

　Euclid 測度による図形を応用すると簡単に答の出る問題を次にあげておく．やさしい英語だからぜひやってみて下さい．

⑴　A student is given an examination to be completed in 1 hr by the professor's clock. The professor takes off at a speed 0.6 c as soon as the examination starts, and sends back a light signal when his clock reads 1 hr. The student stops writing when the light signal reaches him. How much time did the student have for the examination? （答．2 時間）

(2)　A rocketship of length 100 m, traveling at $v/c=0.6$, carries a radio receiver at its nose. A radio pulse is emitted from a stationary space station just as the tail of the rocket passes the station.

(a)　How far from the space station is the nose of the rocket at the instant of arrival of the radio signal at the nose? （答．200 m）

(b)　By space-station time, what is the time interval between the arrival of this signal and its emission from the station? （答．6.7×10^{-7} sec）

§7.　注意と蛇足および Lorentz 変換の群

【注　意】

前の Minkowski 測度による図形の方法にしろ，あとの Euclid 測度による図形の方法にしろ，直線直交座標が，何となく特別の惰性系であるような印象を受けるかもしれない．たとえば前の図 3.13b における k や，図 3.13c における l は，図 3.13a の惰性系に対する相対速度によって決められているかのように見えるかもしれない．しかしそれは，紙の上に画をかき，三角法の公式を用いて計算を進める場合，図 a を基準にしておくと便利だという理由によるもので，実用性を無視すれば，図 b を基準としても，図 c を基準としてもいっこうにかまわない．Einstein の考えは，むしろ，直交座標であろうが，斜交座標であろうが，すべて物理的に同格であることを主張するものである．

この点に対して神経質になるならば，光の進路と角 α_0 をなす勝手な斜交軸（図 3.13）を考え，そのときには軸の上にそれぞれ $x/\sqrt{\sin 2\alpha_0}$ および $x_0/\sqrt{\sin 2\alpha_0}$ をプロットしておけばよい．このやり方だと，図 3.13a に頼らないで話を進めることができる．たとえば，図 3.25 と，もう 1 つ光の

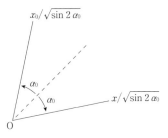

図 3.25

走る点線と角 α_0' をなす軸をもった惰性系を考え（それにダッシュをうって表わす），両者の間の変換を普通の三角法を用いて書いてみると

$$x' = \frac{\{x \sin(\alpha_0+\alpha_0') - x_0 \sin(\alpha_0-\alpha_0')\}}{\sqrt{\sin 2\,\alpha_0 \sin 2\,\alpha_0'}} \tag{7.1a}$$

$$x_0' = \frac{\{x_0 \sin(\alpha_0+\alpha_0') - x \sin(\alpha_0-\alpha_0')\}}{\sqrt{\sin 2\,\alpha_0 \sin 2\,\alpha_0'}} \tag{7.1b}$$

が得られる．この式は Lorentz 変換 (6.8) と異なった形をしているが，$x'^2 - x_0'^2$ を計算してみればわかるように，それは不変になっている．したがって，Lorentz 変換である．

2つの惰性系の間の相対速度を求めるには，関数 $\beta(V)$ を決めた §3 の方法をそのまま用いればよい．それによると，ダッシュのついた惰性系は，つかない方に対して

$$V = c\frac{\sin(\alpha_0-\alpha_0')}{\sin(\alpha_0+\alpha_0')} \tag{7.2}$$

の速度で動いていることになる．

【蛇　足】

Lorentz 変換を図にかくと図 3.2 または図 3.12 のようになることを確認してきたが，これらの図と Galilei 変換の図 1.12 (p.22) を比べてみると，たいへん面白いことに気がつく．t 軸と t' 軸との角 α が，2つの惰性系の相対速度に関係している点は同じで，一方，Galilei 変換では x と x' 軸は重なり，Lorentz 変換では x と x' 軸とがやはり角 α をなしている．

すると，空間時間図形において，もう少し一般的に図 3.26 のようなことが考えられないかと気になる．（これはひょっとしたら，大発見かもしれない！）

もしそのような変換が考えられるならば，

$$\alpha_s \to \alpha \tag{7.3}$$

とした極限では Lorentz 変換が得られ，

$$\alpha_s \to 0 \tag{7.4}$$

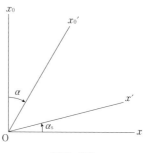

図 3.26

とした極限では，x と x' 軸とは重
なってしまって，Galilei 変換が得ら
れる．つまり，図 3.26 で表わされ
る変換は，Lorentz と Galilei 変換の
中間に位する変換である．

　このような変換は，実は簡単につ
くることができる．それには

$$x' = (x - \beta x_0)/\sqrt{1 - \beta\beta_\mathrm{s}}$$

(7.5a)

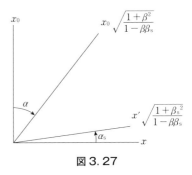

図 3.27

$$x_0' = (x_0 - \beta_\mathrm{s} x)/\sqrt{1 - \beta\beta_\mathrm{s}} \tag{7.5b}$$

とすればよい．ただし

$$\beta = V/c = \tan\alpha \tag{7.6a}$$

$$\beta_\mathrm{s} = V/c_\mathrm{s} = \tan\alpha_\mathrm{s} \tag{7.6b}$$

で，c と c_s とは，速度の次元をもった全く別々の正の定数とする．式
(7.5) を見るとすぐわかるように，それは (7.3) の極限で Lorentz 変換
になる．一方，(7.4) の極限では Galilei 変換になる．

　さて，この変換 (7.5) が何を不変にしているかを探してみると

$$x^2 - cc_\mathrm{s}t^2 = x'^2 - cc_\mathrm{s}t'^2 \tag{7.7}$$

であることがわかる（自らたしかめよ）．cc_s は正だから，それを改めて
c^2 と書くと変換 (7.5) は本質的には Lorentz 変換と変わらないことが
わかる．したがって，図 3.26 を考えたことは，残念ながら大発見では
なかった．大発見ではないかも知れないが，Lorentz 変換と Galilei 変換
の関係を見るには便利なものである．

　ついでに，図 3.26 を定量的に使えるようにスケールを調整して，Eu-
clid 測度にしておくと，図 3.27 のようになる．

Lorentz 変換の群

　いま，ある惰性系 (x, x_0) から別の惰性系 (x', x_0') へ Lorentz 変換を行っ
たとしよう．すなわち

$$x' = (x - \beta x_0)\gamma \tag{7.8a}$$

$$x_0' = (x_0 - \beta x)\gamma \tag{7.8b}$$

$$\gamma \equiv 1/\sqrt{1-\beta^2} \tag{7.8c}$$

次に，惰性系 (x', x_0') から，もう 1 つ別の惰性系 (x'', x_0'') に，別の Lorentz 変換で移ったとする．すなわち

$$x'' = (x' - \beta' x_0')\gamma' \tag{7.9a}$$

$$x_0'' = (x_0' - \beta' x')\gamma' \tag{7.9b}$$

$$\gamma' = 1/\sqrt{1-\beta'^2} \tag{7.9c}$$

このとき，(x, x_0) から (x'', x_0'') への変換も 1 つの Lorentz 変換である．Lorentz 変換には逆があり，また，単位変換（変換しないこと）も存在する．これらの事をいっしょにして，**Lorentz 変換は群をなす**という．この群をなすという性質は，数学的にたいへん重要なことである．ただし，この本では，そのような高級なことは議論できないので，詳細は，文献 10) 大貫（1976）にゆずる．

前にちょっとふれたが（p.60），Lorentz 変換の parameter β が 1 に比べて極めて小さいとき，得られる無限小 Lorentz 変換を何度もくり返すと，有限の Lorentz 変換が得られるということがあった．ここでは，これを納得するたすけとして，(7.8) と (7.9) の 2 つの Lorentz 変換の合成がまた 1 つの Lorentz 変換になるということを，具体的に計算しておこう．この場合重要なことは，p.66 で議論した速度の加法である．

式 (7.8) を (7.9) に代入すると

$$x'' = \{(1+\beta\beta') x - (\beta+\beta') x_0\}\gamma\gamma'$$

$$= \left\{x - \frac{\beta+\beta'}{1+\beta\beta'} x_0\right\} (1+\beta\beta')\gamma\gamma' \tag{7.10a}$$

$$x_0'' = \{(1+\beta\beta') x_0 - (\beta+\beta') x\}\gamma\gamma'$$

$$= \left\{x_0 - \frac{\beta+\beta'}{1+\beta\beta'} x\right\} (1+\beta\beta')\gamma\gamma' \tag{7.10b}$$

が得られる．そこで速度の合成則 (4.10) を思い出し

$$\beta'' \equiv \frac{\beta+\beta'}{1+\beta\beta'} \tag{7.11}$$

とおくと

$$1-\beta''^2 = \frac{(1+\beta\beta')^2-(\beta+\beta')^2}{(1+\beta\beta')^2} = \frac{(1-\beta^2)(1-\beta'^2)}{(1+\beta\beta')^2}$$

$$= \frac{1}{[(1+\beta\beta')\gamma\gamma']^2} \tag{7.12}$$

したがって，（7.10）は

$$x'' = (x-\beta''x_0)\gamma'' \tag{7.13a}$$
$$x_0'' = (x_0-\beta''x)\gamma'' \tag{7.13b}$$
$$\gamma'' \equiv 1/\sqrt{1-\beta''^2} \tag{7.13c}$$

となる．これは（7.8）や（7.9）と全く同形であり，(x, x_0) から (x'', x_0'') への変換が，また合成速度（7.11）による1つの Lorentz 変換であるということを示している．

　なお，Lorentz 変換の別の形，たとえば式（7.1）を用いても，全く同様のことが言える．さらに，Lorentz 変換と Galilei 変換の中間の変換（7.5）も群をなしている．これらについては，興味があれば，読者自ら確かめておくとよい．次の章では，もっと一般的に，Lorentz 変換の群論的性質を導く（実は，一般論の方がうんと簡単である）．

二粒子の相対速度

　Lorentz 変換の群論的性質にとっては，速度合成則がたいへん重要な役割をしている．

　速度合成則（4.10）や（6.26）によると，光の速度で走っているものは，すべての惰性系で光の速度をもっており，Lorentz 変換をしたからといって，光の速度より速く走るようなことは決して起こらない．

　では，2個の粒子がある場合，粒子 A が右へ向けて速度 v で走り，粒子 B が左へ向けて速度 u で走っているならば，その相対速度はどうなるであろうか？　特に，v と u が共に c となったら，それら粒子 AB の相対速度は何であろうか？（計算をやる前に，自分の直観をためしてみるとよい．）

　相対速度を計算するには，まず Lorentz 変換で粒子 A が静止している惰性系に移り，粒子 B のその惰性系での速度を計算すればよい．それには，変換（4.1）を用いてやってもよいし，Euclid 測度による図形を用いて計算して

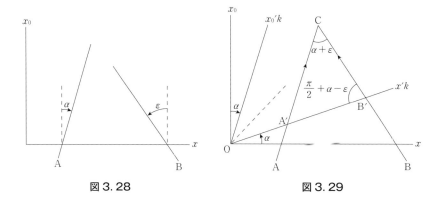

図 3.28   図 3.29

もよい.

　まず図を書いて考えて見よう. 図 3.28 のようにダッシュのつかない惰性系で，粒子 A が右へ速度

$$v = c \tan \alpha \tag{7.15}$$

粒子 B が左へ速度

$$u = c \tan \varepsilon \tag{7.16}$$

で走っているとしよう. そこで，粒子 A の静止系へ移ると図 3.29 が得られる. 角の関係は図中に示した通りである. 三角形 A′CB′ について

$$\frac{\mathrm{A'B'}}{\mathrm{A'C}} = \frac{\sin(\alpha+\varepsilon)}{\sin\!\left(\dfrac{\pi}{2}+\alpha-\varepsilon\right)} = \frac{\sin(\alpha+\varepsilon)}{\cos(\alpha-\varepsilon)}$$

$$= \frac{\tan\alpha+\tan\varepsilon}{1+\tan\alpha\tan\varepsilon} = \frac{1}{c}\frac{u+v}{1+\dfrac{1}{c^2}uv} \tag{7.17}$$

が得られる. この左辺は図からわかるように，ダッシュのついた系（その系で粒子 A は静止している）における粒子 B の速度 v_{rel} を c で割ったものである. したがって

$$v_{\rm rel} = \frac{u+v}{1+\dfrac{1}{c^2}uv} \tag{7.18}$$

である．u と v が共に c ならば，(7.18) から

$$v_{\rm rel} = c \tag{7.19}$$

となる．粒子 A と B が互いに光速度 c でぶつかりあっても，相対速度はやはり c である．（計算をする前の予想は正しかっただろうか？）

Lorentz 変換 (4.1) を用いるには，式 (3.17) に

$$\frac{dx_{\rm A}}{dt_{\rm A}} = v = c\beta \tag{7.20a}$$

$$\frac{dx_{\rm B}}{dt_{\rm B}} = -u \tag{7.20b}$$

$$\frac{dx_{\rm A}{}'}{dt_{\rm A}{}'} = 0 \tag{7.20c}$$

を代入してみればよい．ダッシュのついた系での粒子 B の速度（すなわち相対速度に負号をつけたもの）は

$$\frac{dx_{\rm B}{}'}{dt_{\rm B}{}'} = \frac{\dfrac{dx_{\rm B}}{dt_{\rm B}} - v}{1 - \dfrac{v}{c^2}\dfrac{dx_{\rm B}}{dt_{\rm B}}} = -\frac{u+v}{1+\dfrac{1}{c^2}uv} \equiv -v_{\rm rel} \tag{7.21}$$

となり，前の計算 (7.18) と一致する．

粒子 A と B とが，全く勝手な方向に走っているときの相対速度は，あとで求める (p. 165)．

第 Ⅳ 章

相対論の形式

§1. はじめに

　ここまでで，やっと Einstein の2つの公理のうちの第Ⅱのものの議論が終わったことになる．これで，Einstein のいう惰性系というものが，どのようなものであるかわかったと思う．光の速度がすべての惰性系で同じであるために，個々の惰性系は別々の時間をもたなければならず，したがって，2つの事件が同時刻であるという判断が惰性系によって異なることになる．その結果，各惰性系においては時計の進み方も異なっているし，棒の長さも惰性系によって違ってくる．すべての惰性系は共通の時間をもつとする Newton 力学の立場とは，完全に相容れない．したがって，Newton 力学的な考え方に慣れたわれわれは，速度の加法などのような"変な"関係に出くわすわけである．

　しかしながら，ここで注意しなければならないことは，前章の議論はすべて，惰性系における時間と空間がどのようなものであるかということを言っているのであって，時間空間の中に入りうる物質についてはほとんど触れていないということである．いわば，物質の入りうる容器としての時間空間の性質を議論しただけである．棒が縮んで見えるのも，Doppler 効果が起こるのも，容器である時間空間の方がそうさせるのであって，棒に圧力がかかって短くなるのとはわけが違う．Michelson-Morley の実験を説明するために導入された Fitzgerald-Lorentz の短縮は，数式的には Einstein の理論にお

ける短縮と同じであっても，その含む概念において，両者の間には根本的な
差がある．

さて，物質の容器としての時間と空間の方の性質は，前章で説明したよう
なものだが，このままの形式では，まだ極めて簡単な物理過程が扱えるだけ
で，この時間空間の中で物質を活躍させるためには，もう少し数学的な整備
が必要である．

Lorentz 変換は，時間と空間とから成る 4 次元の回転と考えられることは
前に述べた．この点をもっと数学的にちゃんと定式化するのが，まず第一の
仕事である．それには，通常の 3 次元空間の回転を扱う vector 解析がよい
手本になる．ただし，時間空間からなる 4 次元空間では，虚数座標や虚数角
の回転などを相手にしなければならないから，当然，3 次元空間における実
の角の回転とは，いろいろと差が出てくる．この点を見のがさないように，
よくよく目を見張っておく必要がある．

話の順序として，まず次の節では，1+1 次元空間における vector 解析を
簡単にまとめ，それをその次の§3で，3+1 次元 Minkowski 空間における
vector 解析に拡張しよう．それから Lorentz 変換というものを，もっと一般
的な見地からながめ直すことにする．ここでの容器としての，惰性系の空間
時間の数学的整備を終わる．

次にやる仕事は，Einstein の第 I の公理に戻り Maxwell の電磁理論を，そ
の公理を満たすように書き直すことである．Einstein の第 II の公理の方は，
電磁気や光学の理論を受入れるために設けられた仮説だから，それが New-
ton 力学的な考え方とどんなに相容れないものであっても，少なくとも
Maxwell の電磁理論の方は内容を変更することなく，惰性系の数学的理論形
式の中に納まるはずである．

一方，Newton 力学の方は，明らかに Einstein の第 II の公理と矛盾してい
るので，内容を変更しない限り，§3で展開した数学的形式とは相容れない．
そこで§7では，その数学的形式にあうということと，ある極限で Newton
力学に戻るということを規準にして，相対論的力学を構成することにする．
これによって，Einstein の惰性系の中での物質の振舞い方が規定されること
になる．

【蛇　足】

　ここで少々よけいな私見を述べさせてもらう. いままで度々見てきた
ように, 相対論的時間空間の効果は, V/c が極めて 1 に近い場合にしか
現われてこない. そこで次のような計算をやってみよう. いま底辺が
30 m, 高さが 300 m くらいの塔があるとしよう. 地球のまるみを厳密に
考慮すると, この建物の底辺の長さ l は頂辺の長さ l_0 よりも少々短いは
ずである. 建築屋は, おそらく, この差を全然気にしないと思う. これ
と同じ長さの差を相対論的に出して見ようと思ったら, どれくらいの速
度で走らなければならないだろうか？　　地球の半径を

$$R_\oplus = 6.37 \times 10^8 \text{ cm} \tag{1.1}$$

とすると, 右の参考図から

$$\frac{l}{l_0} = \frac{R_\oplus \theta}{(R_\oplus + h)\theta} = \frac{R_\oplus}{R_\oplus + h} \tag{1.2}$$

である. これに

$$l_0 = 3 \times 10^3 \text{ cm} \tag{1.3}$$

$$h = 3 \times 10^4 \text{ cm} \tag{1.4}$$

および (1.1) を代入してみると

$$\frac{l}{l_0} = 0.999953 \tag{1.5}$$

が得られる. 建築屋がこれを 1 としてしまうのは当
然である.

　ところで, (1.5) の数値を相対論的に出そうと思ったら, 式 (III. 6.17)
を用いて

$$\sqrt{1 - \beta^2} = 0.999953 \tag{1.6}$$

$$\therefore \ \beta = 0.0097 \tag{1.7}$$

したがって, 速度

$$V = 2.91 \times 10^8 \text{ cm/sec} \tag{1.8}$$

くらいで走らなければならない. 現代の宇宙ロケットはだいたい
10^6 cm/sec くらいの速さだから, (1.8) の速度には到底かなわない. 普
通そこらで起こっていることに対しては, 相対論的効果は完全に無視で

参考図

きるということである.

　それではいったい,物理学のどのような分野で,相対論的な考え方が重要になるのだろうか?　それは言うまでもなく,微粒子を扱う高エネルギー物理学と,宇宙論の分野であろう.しかし,宇宙論の分野ではたいへん大きな質量を問題にするから,惰性系に話を限る特殊相対性理論の中にとどまっているわけにはいかず,どうしても一般相対論に頼らなければならない.一方,高エネルギー物理学の領域では,物質粒子の波動的性質が重要になり,どっちみち Newton 力学を捨てて量子力学に行かなければならない.

　すると,いったい,Newton 力学を相対性理論に適合するように改造することに,どれほどの意味があるのだろうかという疑問がわいてくる.

　この疑問は純実用的な立場からすると当然のことである.しかし,相対性理論の強みは純実用的な立場だけにあるのではない.その時間空間概念の哲学的な深さ,論理的な首尾一貫性,その美しさは,理論物理学の 1 つの典型である.Newton 力学が首尾一貫した形で相対論化されうるということは,それ自身,重大な意味があることだと思う.事実 Newton 力学を相対論化する段階で,物質粒子(それが微視的なものであっても)の運動量とかエネルギーとかの意味が,非常にはっきりしてくる.そうしてその相対論的な運動量やエネルギーの形式が,微視的物理学の探求においても重要な役割を果たすことになる(この点についてはこの章の最後で考える).

§2.　1+1 次元

Lorentz 変換

　いままで度々出てきた 1+1 次元空間における Lorentz 変換を現実的な 3+1 次元空間に拡張する準備として,それをまず異った形に書いておこう.以下,空間座標 x の代わりに

$$x_1 \equiv x \tag{2.1}$$

を用いる．また虚数座標

$$x_4 \equiv ix_0 = ict \tag{2.2}$$

を用いると，Lorentz 変換は

$$x_1' = (x_1 + i\beta x_4)/\sqrt{1-\beta^2} \tag{2.3a}$$

$$x_4' = (x_4 - i\beta x_1)/\sqrt{1-\beta^2} \tag{2.3b}$$

と書かれる．そこで

$$\left. \begin{array}{ll} a_{11} = 1/\sqrt{1-\beta^2}, & a_{14} = i\beta/\sqrt{1-\beta^2} \\ a_{41} = -i\beta/\sqrt{1-\beta^2}, & a_{44} = 1/\sqrt{1-\beta^2} \end{array} \right\} \tag{2.4}$$

を定義すると，式 (2.3) は簡単に

$$x_\mu' = a_{\mu\nu} x_\nu \tag{2.5}$$

となる．ギリシャ字の添字 μ, ν, λ, ρ などは 1 と 4 をとるものであり，また Einstein の規約により，2 度出てきた添字に対しては，1 と 4 について和をとる．定義 (2.4) を用いるとすぐわかるように

$$a_{\mu\nu} a_{\mu\lambda} = \delta_{\nu\lambda} \tag{2.6}$$

が満たされている*．この式 (2.6) を用いると，式 (2.5) から

$$x_\mu' x_\mu' = a_{\mu\nu} a_{\mu\lambda} x_\nu x_\lambda$$
$$= \delta_{\nu\lambda} x_\nu x_\lambda = x_\nu x_\nu \tag{2.7}$$

これは普通の記号で書くと，$x^2 - x_0^2$ が不変であるということにほかならない．逆に式 (2.7) を要求すると，変換が (2.5) の形のものなら，$a_{\mu\nu}$ は式 (2.6) を満たしていなければならないことが証明できる．ただし (2.6) を満たす $a_{\mu\nu}$ が常に (2.4) の形になるかというと，そうはいかない．例をあげると，時間反転

$$\begin{array}{ll} a_{11} = 1 & a_{14} = 0 \\ a_{41} = 0 & a_{44} = -1 \end{array} \tag{2.8}$$

は (2.6) を満たすが，(2.4) の β をどう選んでも (2.8) にはならない．(2.8) と (2.4) の差は，前者では

$$\det(a_{\mu\nu}) = \begin{vmatrix} 1 & 0 \\ 0 & -1 \end{vmatrix} = -1 \tag{2.9}$$

---

* 式 (2.6) の左辺では，μ について 1 と 4 の和がとってあることを忘れないように．

であり，後者では

$$\det(a_{\mu\nu}) = \begin{vmatrix} 1/\sqrt{1-\beta^2} & i\beta/\sqrt{1-\beta^2} \\ -i\beta/\sqrt{1-\beta^2} & 1/\sqrt{1-\beta^2} \end{vmatrix}$$

$$= \frac{1}{1-\beta^2} - \frac{\beta^2}{1-\beta^2} = 1 \qquad (2.10)$$

であるということである．$a_{\mu\nu}$ が式（2.6）を満たし，かつ

$$\det(a_{\mu\nu}) = 1 \qquad (2.11)$$

ならば，$a_{\mu\nu}$ は常に（2.4）の形に書ける．以下，$a_{\mu\nu}$ としては主として（2.11）を満たすものを頭においておく．

　さて，次のことに注意しよう．それは x_4 として虚数をとった結果，a_{14} と a_{41} とがやはり虚数になったことである．つまり，添字 4 をもった量はいつでも虚数単位 i をもっているということである（したがって，a_{44} には i が 2 度現われて実になっている）．あとで見るように，この点が普通の 2 次元や 3 次元の空間の vector 解析と本質的な違いを与える（この性質は，3＋1 次元にいっても全く同じである）．

Scalar, vector と tensor

　次に，この 1＋1 次元空間における scalar や vector を定義しよう．まず量 ϕ を考える．この量は x_1, x_4 の関数であってもかまわないが，この量が，座標を（2.5）のように変換したとき ϕ' になったとする．そのとき

$$\phi' = \phi \qquad (2.12)$$

ならば，ϕ を scalar という．

　例：

$$\phi = x_\mu x_\mu \qquad (2.13)$$

とすると，座標変換したとき

$$\phi' = x_\mu' x_\mu' \qquad (2.14)$$

となる．しかし式（2.7）によって

$$\phi' = \phi \qquad (2.15)$$

だから，（2.13）の ϕ は scalar である．

　次に 2 個の成分 A_1, A_4 をもった量を考える．これが座標変換（2.5）によ

って, (2.5) と同じく変換するとする. このとき A_μ を **vector** という. すなわち vector は

$$A_\mu' = a_{\mu\nu} A_\nu \qquad (2.16)$$

と変換する. 定義により x_μ は vector である. 前の注意により A_4 は虚数だから

$$A_4 = iA_0 \qquad (2.17)$$

によって実量 A_0 を定義する. これを空間時間図形として, 図 4.1 のように表わしてもよい.

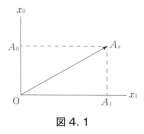

図 4.1

Scalar 積

次に 2 つの vectors の scalar 積を定義しよう. 2 つの vectors A_μ と B_μ (それらは同じく式 (2.16) のように変換を受ける) を考え, 各成分をかけ合わせて, 1 と 4 について和をとる. すなわち

$$A_\mu B_\mu \equiv A_1 B_1 + A_4 B_4 = A_1 B_1 - A_0 B_0 \qquad (2.18)$$

なる量を 2 つの vectors の **scalar 積**と呼ぶ. この量 (2.18) が scalar であることは, $a_{\mu\nu}$ の関係 (2.6) を使うと直ちに証明できる. すなわち

$$A_\mu' B_\mu' = a_{\mu\nu} a_{\mu\lambda} A_\nu B_\lambda = \delta_{\nu\lambda} A_\nu B_\lambda$$
$$= A_\nu B_\nu \qquad (2.19)$$

であり, 定義 (2.12) により, これは scalar である.

Scalar 積の性質

添字 4 が虚数単位 i をもっている事情のために, 上に定義した scalar 積は通常の 3 次元 vector 解析の scalar 積とはいろいろと異なった性質をもつ.

ある vector の自分自身との scalar 積は正, 負, 0 の場合が考えられる. すなわち

$$A_\mu A_\mu = A_1{}^2 - A_0{}^2 > 0 \qquad (2.20)$$

のとき, vector A_μ は**空間的**であるという.

$$A_\mu A_\mu = A_1{}^2 - A_0{}^2 < 0 \qquad (2.21)$$

のとき, vector A_μ は**時間的**であるという.

$$A_\mu A_\mu = A_1{}^2 - A_0{}^2 = 0 \qquad (2.22)$$

のとき，A_μ は**光的**であるという．

これら 3 種類の vector は，空間時間図形で表わしてみると，事情がはっきりする．図 4.2 のように，光円錐の中にある vector A_μ（光円錐の下を向いていてもよい）を時間的，光円錐の外に向いた B_μ のような vector を空間的，光円錐上にある C_μ のような vector を光的という．つまり

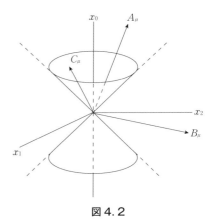

$$|A_1| < |A_0| \qquad \text{時間的}$$
$$|B_1| > |B_0| \qquad \text{空間的}$$
$$|C_1| = |C_0| \qquad \text{光的}$$

図 4.2

である．前にいろいろと考えた物質粒子の世界線は，すべて時間的であった．

直交性

2 つの vector A_μ と B_μ が**直交する**とは，それらの scalar 積が 0 になるということである．したがって，

$$A_\mu B_\mu = A_1 B_1 - A_0 B_0 = 0 \tag{2.23}$$

なら，A_μ と B_μ は直交しているという．

通常の vector 解析では，vector $\boldsymbol{A}$ と $\boldsymbol{B}$ の scalar 積が 0 であるということと $\boldsymbol{A}$ と $\boldsymbol{B}$ が 90° の角をなすということとが同じことであったが，ここでは同じことではなく，A_μ と B_μ の scalar 積が 0 ということは，(2.23) の示すように

$$A_1 B_1 = A_0 B_0 \tag{2.24}$$

ということ以外のものではない．たとえば，

$$A_\mu = (3, 2i) \tag{2.24a}$$
$$B_\mu = (4, 6i) \tag{2.24b}$$

なら

$$A_\mu B_\mu = 12 - 12 = 0 \tag{2.25}$$

であって，A_μ と B_μ は直交している．図に描いてみると，図 4.3 のようなものである．明らかに A_μ と B_μ とは 90° になっていないが，光円錐の両側にち

ょうど同じ角を張った vectors である．いまま
で何度も図示してきた，(x, x_0) から (x', x_0')
への Lorentz 変換においては，(x', x_0') 座標軸
は斜交座標になっていたが，それは紙の上に書
いた画でそうなっていただけで，式 (2.23) の
意味の直交性は，ダッシュのついた座標軸にも
成り立っている．つまり，図 3.4 (p.73) におい
て x 軸と x_0 軸，x' 軸と x_0' 軸，x'' 軸と x_0'' 軸と
は，すべて式 (2.23) の意味では直交している．

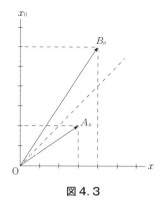

図 4.3

　もうひとつ，あたり前のことだが，2 つの
vectors A_μ と B_μ とがある座標系で直交しているならば，それに Lorentz 変
換 (2.5) をほどこした座標系においても，2 つの vectors は直交している．
これは，"直交性" が座標系によらない scalar 積で定義されていることから
明らかであろう．

Vectors の和

　2 つの vectors A_μ と B_μ の和は，各成分を加えて定義する．すなわち

$$D_\mu = A_\mu + B_\mu \tag{2.26}$$

が A_μ と B_μ を加えた vector になる．したがって，未来を向いた 2 つの時間
的 vectors A_μ と B_μ とを加えると，合成された vector D_μ も未来を向いた時
間的 vector である．あとで議論するように，相対論的力学では粒子の運動
量とエネルギーとが，未来に向いた時間的 vector を作るから，未来を向いた
vector の和を作るということは重要なことである．そこで，そのような
vector の性質に関する重要な定理をここで証明しておこう．

　【定理】　　長さ a の未来を向いた時間的 vector A_μ と，長さ
b の未来を向いた時間的 vector B_μ を加えたとき，合成 vector D_μ
の長さ d は

$$d \geq a + b \tag{2.27}$$

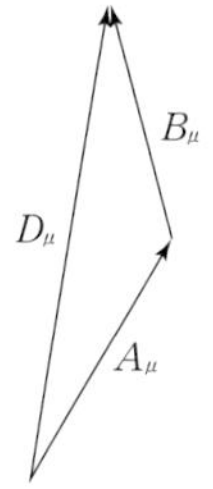

図 4.4

105

を満たす*1.

　　【証明】　　まず，A_μ と B_μ は未来を向いた時間的 vectors だから

$$A_\mu A_\mu = -a^2 \tag{2.28a}$$

$$B_\mu B_\mu = -b^2 \tag{2.28b}$$

とおく．a, b は共に正とする．また，この関係 (2.28) は座標系によらない．
いま A_μ は，未来を向いた時間的 vector だから，その vector の方向に時間軸
が向くような Lorentz 変換を行う．その座標系にダッシュをつけると

$$A_\mu' = (0, iA_0') \tag{2.29a}$$

$$B_\mu' = (B_1', iB_0') \tag{2.29b}$$

式 (2.28) の不変性と，a, b, A_0', B_0' が正であることを用いると，

$$a^2 = -A_\mu A_\mu = -A_\mu' A_\mu' = A_0'^2 \tag{2.30}$$

から

$$a = A_0' \tag{2.31}$$

また

$$\begin{aligned} b^2 &= -B_\mu B_\mu = -B_\mu' B_\mu' \\ &= -B_1'^2 + B_0'^2 \leq B_0'^2 \end{aligned} \tag{2.32}$$

から

$$B_0' \geq b \tag{2.33}$$

が得られる．したがって，

$$-A_\mu B_\mu = -A_\mu' B_\mu' = A_0' B_0' \geq ab \tag{2.34}$$

である*2．すると

$$\begin{aligned} d^2 &= -D_\mu D_\mu = -(A_\mu + B_\mu)(A_\mu + B_\mu) \\ &= a^2 + b^2 - 2A_\mu B_\mu \geq a^2 + b^2 + 2ab \\ &= (a+b)^2 \end{aligned} \tag{2.35}$$

したがって，

$$d \geq (a+b) \tag{2.36}$$

となる．3 次元 Euclid 幾何学と不等号が反対になっていることが重要であ

＊1　この関係は，図 4.4 を見ればわかるように，通常の vector 解析における関係と不等
　　　号が逆になっていることに注意.
＊2　ここで，通常の Schwarz の不等式がひっくり返っていることに注意.

る.

（証明おわり）

この不等式は，多くの未来に向いた時間的 vectors を加える時にも拡張でき，一般には

$$d \geq \sum_n a^{(n)} \tag{2.37}$$

である（図 4.5 参照）.

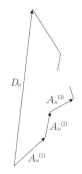

図 4.5

【蛇　足】

　ここで扱った幾何学では，不変に保つ量が，式（2.7）で表わされるような符号の不定な量だから，紙の上に書いた Euclid 幾何学的な図形とはかなり異なった事情が現われる．このことはすでに前章で見た通りである．この章で描いた図 4.1 や図 4.3 などを用いる場合にも，この注意が必要である．たとえば図 4.6 において，空間的な vector B_μ の長さ b は

$$\begin{aligned} b^2 &= B_\mu B_\mu \\ &= B_1{}^2 - B_0{}^2 \end{aligned} \tag{2.38}$$

である．この b はもちろん図の上における矢の長さと同じではない．この矢の長さは

$$\begin{aligned} \sqrt{B_1{}^2 + B_0{}^2} &= \sqrt{B_1{}^2 - B_0{}^2} \sqrt{\frac{B_1{}^2 + B_0{}^2}{B_1{}^2 - B_0{}^2}} \\ &= b / \sqrt{\sin 2\beta_0} \end{aligned} \tag{2.39}$$

である．これはちょうど p.80 の図 3.12 で説明したスケールと同じである．したがって，紙の上の図形では，空間的 vector については

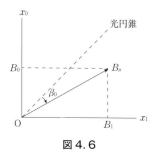

図 4.6

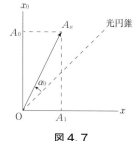

図 4.7

$$B_1 = \frac{b}{\sqrt{\sin 2\beta_0}} \cos\left(\frac{\pi}{4} - \beta_0\right) \tag{2.40a}$$

$$B_0 = \frac{b}{\sqrt{\sin 2\beta_0}} \sin\left(\frac{\pi}{4} - \beta_0\right) \tag{2.40b}$$

である.

一方，時間的 vector A_μ については vector の長さ a を

$$a^2 = -A_\mu A_\mu$$
$$= A_0{}^2 - A_1{}^2 \tag{2.41}$$

で定義すると，矢の長さは

$$\sqrt{A_1{}^2 + A_0{}^2} = \sqrt{A_0{}^2 - A_1{}^2} \sqrt{\frac{A_1{}^2 + A_0{}^2}{A_0{}^2 - A_1{}^2}}$$
$$= a/\sqrt{\sin 2\alpha_0} \tag{2.42}$$

となる．したがって，時間的 vector については

$$A_1 = \frac{a}{\sqrt{\sin 2\alpha_0}} \cos\left(\frac{\pi}{4} + \alpha_0\right) \tag{2.43a}$$

$$A_0 = \frac{a}{\sqrt{\sin 2\alpha_0}} \sin\left(\frac{\pi}{4} + \alpha_0\right) \tag{2.43b}$$

である.

いま，A_μ と B_μ の scalar 積を作ってみると

$$A_\mu B_\mu = \frac{ab}{\sqrt{\sin 2\alpha_0 \sin 2\beta_0}} \left\{ \cos\left(\frac{\pi}{4} + \alpha_0\right) \cos\left(\frac{\pi}{4} - \beta_0\right) \right.$$
$$\left. - \sin\left(\frac{\pi}{4} + \alpha_0\right) \sin\left(\frac{\pi}{4} - \beta_0\right) \right\}$$
$$= ab \frac{\sin(\beta_0 - \alpha_0)}{\sqrt{\sin 2\alpha_0 \sin 2\beta_0}} \tag{2.44}$$

となる．A_μ と B_μ が直交するのは

$$\alpha_0 = \beta_0 \tag{2.45}$$

の時であることは明らかであろう.

2 つの時間的 vector A_μ, B_μ に対しては，(2.43) および α_0 を β_0 で置きかえた式から

$$-A_\mu B_\mu = ab \frac{\sin(\alpha_0+\beta_0)}{\sqrt{\sin 2\alpha_0 \sin 2\beta_0}} \geq ab \tag{2.46}$$

が得られる（これは式 (2.34) と同じである）．このために，三角形に関する不等式が (2.27) となったわけである．

なお，時間的 vector に対しては

$$A_0 = a\cosh\xi \tag{2.47a}$$
$$A_1 = a\sinh\xi \tag{2.47b}$$

空間的 vector に対しては

$$B_0 = b\sinh\eta \tag{2.48a}$$
$$B_1 = b\cosh\eta \tag{2.48b}$$

という表示も便利なことがある．

§3. 3+1 次元

Lorentz 変換

前節における 1+1 次元の議論は，ギリシャ文字の添字を $1,2,3,4$ ととらせると，そのまま 3+1 次元の議論になる．説明をくり返すのはしんどいから，説明は最小にとどめて，必要な定義や関係式などを並べておく．

空間座標を

$$x_1 = x, x_2 = y, x_3 = z \tag{3.1a}$$

とし，虚数の時間座標を

$$x_4 = ix_0 = ict \tag{3.1b}$$

とする．(3.1) の 4 個の座標を一緒にして

$$x_\mu(\mu = 1,2,3,4) \tag{3.2}$$

と書く．

Lorentz 変換は

$$x_\mu x_\mu = x_1{}^2 + x_2{}^2 + x_3{}^2 + x_4{}^2$$
$$= x_1{}^2 + x_2{}^2 + x_3{}^2 - x_0{}^2 \tag{3.3}$$

を不変にする線形変換

$$x_\mu' = a_{\mu\nu}x_\nu \tag{3.4}$$

である．(3.3) の不変性から出る条件は

$$a_{\mu\nu}a_{\mu\lambda} = \delta_{\nu\lambda} \tag{3.5}$$

である．ここで 1+1 次元の時と異なった事情が現われる．この点をここで話し出すと話が横道にそれるから，議論はあとまわしにして結論だけいうと，Lorentz 変換 (3.4) に現われる 4×4＝16 個の量 $a_{\mu\nu}$ はすべて独立ではなく，式 (3.5) による $(4^2+4)/2$＝10 個の条件のために 6 個だけが独立である．

また，

$$x_i, a_{ij}, a_{44} \tag{3.6}$$

は実量，

$$x_4, a_{i4}, a_{4i} \tag{3.7}$$

は虚量である．つまり添字 4 はいつでも虚数単位 i をもっている*．

Scalar, vector と tensor

ある量 ϕ が，Lorentz 変換 (3.4) に対して

$$\phi' = \phi \tag{3.8}$$

のとき ϕ を scalar という．

Vector とは，(3.4) に対して

$$A_\mu' = a_{\mu\nu}A_\nu \tag{3.9}$$

と変換する量として定義する．前と同様，A_4 は虚数で

$$A_4 = iA_0 \tag{3.10}$$

とおいて実の量 A_0 を定義する．3 次元の通常の vector と区別するために 3+1 次元空間の vector を "4-vector" と呼ぶことがある．

もし変換 (3.4) に対して量 $T_{\mu\nu}$ が

$$T_{\mu\nu}' = a_{\mu\lambda}a_{\nu\rho}T_{\lambda\rho} \tag{3.11}$$

と変換するならば，$T_{\lambda\rho}$ を 2 階の tensor という（2 階の tensor を単に tensor と呼ぶこともある）．

---

* このように，以下ギリシャ文字 μ,ν,λ,ρ などの添字は 1 から 4 まで，ラテン文字 i,j, k,l などの添字は 1 から 3 まで変わると約束する．

2つの vectors A_μ と B_μ の別々の成分の積

$$A_\mu B_\nu \qquad (3.12)$$

が上の意味で，tensor として振舞うことは明らかであろう．

縮　約

そこで，**縮約**（contraction）という操作を定義しよう．それは次のような
ものである．式（3.11）や（3.12）に出てきた $T_{\mu\nu}$ とか $A_\mu B_\nu$ とかの μ と ν を
等しくして，それについて1から4まで加える操作を <u>μ と ν について縮約す
る</u>という．

Vectors の積（3.12）についてこれを行うと

$$A_\mu B_\mu \qquad (3.13)$$

が得られる*．これは $a_{\mu\nu}$ に対する式（3.5）を用いるとすぐ証明できるよう
に，Lorentz 変換（3.4）に対して不変である．つまり $A_\mu B_\mu$ は scalar であ
る．Tensor $T_{\mu\nu}$ の添字 μ と ν について縮約を行っても，scalar が得られる．
Vector A_μ と tensor $T_{\mu\nu}$ の縮約を行うと

$$A_\mu T_{\mu\nu} \equiv V_\nu \qquad (3.14)$$

が得られる．この量 V_ν は vector である．

2つの vectors A_μ と B_μ の縮約（3.13）を，A_μ と B_μ の **scalar** 積とよぶこ
とがある．この場合も 1+1 次元の時と同様，vector A_μ と，それ自身との
scalar 積は正とは限らず，次の3つの場合が考えられる．

$$A_\mu A_\mu > 0 \qquad (3.15a)$$

$$A_\mu A_\mu < 0 \qquad (3.15b)$$

$$A_\mu A_\mu = 0 \qquad (3.15c)$$

これら3つの場合をそれぞれ，A_μ は空間的，時間的，光的であるという．

Vector の直交性

Vectors A_μ と B_μ の**直交性**も 1+1 次元の時と同様

$$A_\mu B_\mu = 0 \qquad (3.16)$$

---

* μ について1から4までの和を忘れないように．

で定義する.

微分演算の変換

微分演算は vector のように振舞う. すなわち

$$\frac{\partial}{\partial x_\mu{}'} = a_{\mu\nu}\frac{\partial}{\partial x_\nu} \tag{3.17}$$

である. この式は式 (3.4) の逆関係を使うと直ちに証明できる.

微分演算は (3.17) により vector として変換するから, それから scalar 量を作ると

$$\frac{\partial}{\partial x_\mu}\frac{\partial}{\partial x_\mu} = \frac{\partial}{\partial x_i}\frac{\partial}{\partial x_i} - \frac{\partial^2}{\partial x_0{}^2}$$

$$= \nabla^2 - \frac{1}{c^2}\frac{\partial^2}{\partial t^2} \tag{3.18}$$

となる. この量を d'Alambertian とよび

$$\Box \equiv \nabla^2 - \frac{1}{c^2}\frac{\partial^2}{\partial t^2} \tag{3.19}$$

という記号を用いることが多い. また, x_μ に関する微分を単に

$$\partial_\mu \equiv \frac{\partial}{\partial x_\mu} \tag{3.20}$$

と書くことがよくある.

連続の方程式

ある vector 場 $J_\mu(x)$ があったとき, それと微分演算 ∂_μ とを縮約すると scalar になる.

たとえば

$$\partial_\mu J_\mu(x) = q(x) \tag{3.21}$$

で, 右辺の $q(x)$ は scalar である. 特にそれが 0 であるとき (3.21) は

$$\partial_\mu J_\mu(x) = 0 \tag{3.22}$$

となる. これは通常の書き方で書いてみると

$$\partial_4 J_4(x) + \partial_i J_i(x)$$

$$= \frac{1}{c}\frac{\partial}{\partial t}J_0(x) + \nabla \cdot \boldsymbol{J}(x) = 0 \tag{3.23}$$

であって，連続の方程式にほかならない．前の式（3.21）は balance 方程式である[*1]．

§4. 一般の Lorentz 変換

そこで，$a_{\mu\nu}$ に関する条件（3.5）

$$a_{\mu\nu}a_{\mu\lambda} = \delta_{\nu\lambda} \tag{4.1}$$

に戻ろう．これは $4\times4=16$ 個の量 $a_{\mu\nu}$ に対して，$4(4+1)/2$ 個の条件を課したことになっているから，$a_{\mu\nu}$ のうち 6 個だけが独立である[*2]．または $a_{\mu\nu}$ は 6 個の独立な parameters で書けると言ってもよい．

前章で考えた x-方向へ速度 V で走る Lorentz 変換は，1 個の parameter V を含んでいるだけである．y-方向へ別の速度で走る Lorentz 変換は，その速度を parameter として含む変換であり，z-方向についても同様である．したがって，われわれは，勝手な方向へ速度 $\boldsymbol{V}=(V_1, V_2, V_3)$ で走る系への Lorentz 変換を考えると（それを $\boldsymbol{V}$ 方向への **Lorentz boost** という）その時の $a_{\mu\nu}$ は 3 個の parameters V_1, V_2, V_3 を含む．このような $a_{\mu\nu}$ をまず具体的に求めておこう．それには Herglotz による以下の方法が一番手っとり早いだろう．

Herglotz の表示

x-方向への Lorentz 変換（III.3.16）を少々改造して

$$\boldsymbol{x}_\parallel' = (\boldsymbol{x}_\parallel - \boldsymbol{\beta}x_0)/\sqrt{1-\beta^2} \tag{4.2a}$$

$$\boldsymbol{x}_\perp' = \boldsymbol{x}_\perp \tag{4.2b}$$

$$x_0' = (x_0 - \boldsymbol{\beta}\cdot\boldsymbol{x}_\parallel)/\sqrt{1-\beta^2} \tag{4.2c}$$

---

*1　Balance 方程式や，連続方程式については文献 13) 高橋（1979）参照．

*2　これを計算するには，n 次元における式（4.1）の数を勘定してみればよい．n^2 個の $a_{\mu\nu}$ に $n+n(n-1)/2$ 個の条件がついているから，$n^2-n-n(n-1)/2=n(n-1)/2$ 個が独立である．

と書こう. 記号は明らかであろう. すなわち

$$\boldsymbol{\beta} = \boldsymbol{V}/c \tag{4.3a}$$

$$\beta^2 = \boldsymbol{\beta}\cdot\boldsymbol{\beta} = V^2/c^2 \tag{4.3b}$$

また $\boldsymbol{x}_\parallel$ と $\boldsymbol{x}_\perp$ とは, それぞれ $\boldsymbol{\beta}$ 方向と $\boldsymbol{\beta}$ に直角方向に向いた $\boldsymbol{x}$ の成分で,

$$\boldsymbol{x}_\parallel = \frac{1}{\beta^2}(\boldsymbol{\beta}\cdot\boldsymbol{x})\boldsymbol{\beta} \tag{4.4a}$$

$$\boldsymbol{x}_\perp = \boldsymbol{x}-\boldsymbol{x}_\parallel = \boldsymbol{x}-\frac{1}{\beta^2}(\boldsymbol{\beta}\cdot\boldsymbol{x})\boldsymbol{\beta} \tag{4.4b}$$

である. これらの式から直ちに

$$\begin{aligned}
\boldsymbol{x}' &= \boldsymbol{x}_\parallel{}'+\boldsymbol{x}_\perp{}'\\
&= (\boldsymbol{x}_\parallel-\boldsymbol{\beta}x_0+\sqrt{1-\beta^2}\,\boldsymbol{x}_\perp)/\sqrt{1-\beta^2}\\
&= \boldsymbol{x}+\frac{1}{\beta^2}\Big(\frac{1}{\sqrt{1-\beta^2}}-1\Big)(\boldsymbol{\beta}\cdot\boldsymbol{x})\boldsymbol{\beta}\\
&\quad -\boldsymbol{\beta}x_0/\sqrt{1-\beta^2}
\end{aligned} \tag{4.5}$$

が得られる. これを成分ごとに書くと

$$\begin{aligned}
x_i' &= \Big[\delta_{ij}+\frac{1}{\beta^2}\Big(\frac{1}{\sqrt{1-\beta^2}}-1\Big)\beta_i\beta_j\Big]x_j\\
&\quad -\beta_i x_0/\sqrt{1-\beta^2}
\end{aligned} \tag{4.6a}$$

であり (4.2c) は

$$x_0' = (x_0-\beta_i x_i)/\sqrt{1-\beta^2} \tag{4.6b}$$

と書ける. (4.6) が任意の方向へ Lorentz 変換で, それは parameters を 3 個含んでいる. このとき

$$a_{ij} = \delta_{ij}+\frac{1}{\beta^2}\Big(\frac{1}{\sqrt{1-\beta^2}}-1\Big)\beta_i\beta_j \tag{4.7a}$$

$$a_{i4} = -a_{4i} = i\beta_i/\sqrt{1-\beta^2} \tag{4.7b}$$

$$a_{44} = 1/\sqrt{1-\beta^2} \tag{4.7c}$$

と書いてもよい. これで 6 個の parameter のうち 3 個が片づいた. あとの 3 個の parameters を見出すためには, 次のようにすればよい.

3 次元回転

式（4.1）を空間と時間に分けて

$$a_{ik}a_{il}+a_{4k}a_{4l} = \delta_{kl} \tag{4.8a}$$

$$a_{ik}a_{i4}+a_{4k}a_{44} = 0 \tag{4.8b}$$

$$a_{i4}a_{i4}+a_{44}a_{44} = 1 \tag{4.8c}$$

と書いてみる．ここで（4.7b）（4.7c）において $\beta_i=0$ とした関係

$$a_{i4} = a_{4j} = 0 \tag{4.9a}$$

$$a_{44} = 1 \tag{4.9b}$$

とおいてみると（4.8）は

$$a_{ik}a_{il} = \delta_{kl} \tag{4.10}$$

となる．これは 3 次元空間の回転にすぎない[*1]．それは，よく知られているように，3 個の parameters，たとえば，3 個の Euler の角で表わされる．Euler の角は理論的には重要だが，私には少々使いにくい．Euler の角の代わりに，回転方向の単位 vector e（これを指定するのに，2 個の parameters がいる）とその軸のまわりの角 α を用いた表示の方が実用的であろう．それは

$$a_{ij} = (\delta_{ij}-e_ie_j)\cos\alpha+e_ie_j$$
$$+\varepsilon_{ijk}e_k\sin\alpha \tag{4.11}$$

である．これが軸 e のまわりに角 α だけ回転する Lorentz 変換である[*2]．ただし ε_{ijk} は，i, j, k に対して完全に反対称な量で，$\varepsilon_{123}=1$ なるものである[*3]．

これで式（4.1）を満たす $a_{\mu\nu}$ が 6 個の parameters で表わされ，それらが 3 個の 3 次元回転の parameters と，3 個の速度成分であることがわかった．

[*1]　（4.9）（4.10）つまり 3 次元の回転も式（3.3）を不変にすることは明らかであろう．

[*2]　（4.11）が e のまわりの回転になっているかどうかを見るには，次のようにやればよい．いま，e と直交する勝手な単位 vector f を考える．すると e と f と $e\times f$ で，右手系ができる．式（4.11）を用いると

$a_{ij}e_j = e_i$

$a_{ij}f_j = f_i\cos\alpha+\varepsilon_{ijk}f_je_k\sin\alpha$

$\quad\quad = f_i\cos\alpha-(e\times f)_i\sin\alpha$

この 2 番目の式は，e のまわりに角 α だけ回転したことを示す式である．

[*3]　この記号については，たとえば文献 14) 高橋（1982），p.23 を見よ．これを用いると vectors A と B の vector 積は $(A\times B)_i=\varepsilon_{ijk}A_jB_k$ と書かれる．

Lorentz 変換の群論的性質

　そこで，最後に，Lorentz 変換が全体で群をなしているということを一般的に議論しておかなければならない．すなわち，x_μ から x_μ' へ 1 つの Lorentz 変換で移り，次に x_μ' から x_μ'' へ別の Lorentz 変換で移った場合，x_μ から x_μ'' への変換も間違いなく Lorentz 変換になっているということを示しておかなければならない．これは，実は不変性があるために，あたり前のことである．Lorentz 変換とは $x_\mu x_\mu$ を不変にする変換だから，第 1 の変換により

$$x_\mu x_\mu = x_\mu' x_\mu' \tag{4.12}$$

また第 2 の変換により

$$x_\mu' x_\mu' = x_\mu'' x_\mu'' \tag{4.13}$$

したがって

$$x_\mu x_\mu = x_\mu'' x_\mu'' \tag{4.14}$$

となるのはあたり前である*. 話があまり簡単でだまされたような気がするかもしれないので，だまされた気がしないやり方を書いておくと，次のようになる．

　x_μ から x_μ' への変換は

$$x_\mu' = a_{\mu\nu} x_\nu \tag{4.15a}$$

$$a_{\mu\nu} a_{\mu\lambda} = \delta_{\nu\lambda} \tag{4.15b}$$

また x_μ' から x_μ'' への変換は

$$x_\rho'' = b_{\rho\mu} x_\mu' \tag{4.16a}$$

$$b_{\rho\mu} b_{\rho\tau} = \delta_{\mu\tau} \tag{4.16b}$$

とすると，x_μ から x_μ'' への変換は

$$x_\rho'' = b_{\rho\mu} a_{\mu\nu} x_\nu \tag{4.17}$$

である．そこで

$$b_{\rho\mu} a_{\mu\nu} \equiv c_{\rho\nu} \tag{4.18}$$

とおくと，この $c_{\rho\nu}$ も Lorentz 変換の条件（4.1）を満たしている．なぜなら（4.16b）と（4.15b）により

$$c_{\rho\nu} c_{\rho\lambda} = (b_{\rho\mu} a_{\mu\nu})(b_{\rho\tau} a_{\tau\lambda})$$

---

*　Galilei 変換（I.2.1）では，この手が使えないことに注意.

116

$$= (b_{\rho\mu} b_{\rho\tau}) a_{\mu\nu} a_{\tau\lambda}$$
$$= \delta_{\mu\tau} a_{\mu\nu} a_{\tau\lambda} = a_{\mu\nu} a_{\mu\lambda}$$
$$= \delta_{\nu\lambda} \tag{4.19}$$

だからである.

群論的性質を満たしていると，どんな御利益があるか？ それは，群の表現論を使って，Lorentz 変換で扱ういろいろな物理量がきれいに分類できるということのほかに（この点については文献 10）大貫（1976）参照），さしあたって重要なことは次の点にある.

無限小 Lorentz 変換

いま Lorentz 変換の $a_{\mu\nu}$ として，$\delta_{\mu\nu}$ から無限小だけ異なった場合

$$a_{\mu\nu} = \delta_{\mu\nu} + \varepsilon_{\mu\nu} \tag{4.20}$$

を考えよう．すると（4.1）によって

$$a_{\mu\nu} a_{\mu\lambda} = (\delta_{\mu\nu} + \varepsilon_{\mu\nu})(\delta_{\mu\lambda} + \varepsilon_{\mu\lambda})$$
$$= \delta_{\nu\lambda} + \varepsilon_{\nu\lambda} + \varepsilon_{\lambda\nu}$$
$$= \delta_{\nu\lambda} \tag{4.21}$$

すなわち

$$\varepsilon_{\nu\lambda} + \varepsilon_{\lambda\nu} = 0 \tag{4.22}$$

である．式（4.21）では ε の 2 乗は省略した．式（4.22）は，$\varepsilon_{\mu\nu}$ が反対称であるということで，この場合も，6 個の独立な parameters で書けることになる．たとえば 6 個の独立な parameters として

$$\varepsilon_{14}, \varepsilon_{24}, \varepsilon_{34}, \varepsilon_{12}, \varepsilon_{23}, \varepsilon_{31} \tag{4.23}$$

をとる．式（4.7）において $\beta_i \ll 1$ とした展開式と（4.20）を比べると

$$\varepsilon_{i4} = -\varepsilon_{4i} = i\beta_i \tag{4.24a}$$
$$\varepsilon_{ij} = 0 \tag{4.24b}$$

が得られる．したがって ε_{i4} は i 方向への無限小 boost を示す parameter である.

次に，他の ε の意味を見るために，式（4.11）において α を小さいとして展開すると

$$a_{ij} = \delta_{ij} + \varepsilon_{ijk} e_k \alpha \tag{4.25}$$

が得られるから，これと式（4.20）の空間成分を比較すると

$$\varepsilon_{ij} = \varepsilon_{ijk}e_k\alpha \qquad (4.26)$$

が得られる．これは，成分ごとに書くと

$$\varepsilon_{23} = -\varepsilon_{32} = e_1\alpha \qquad (4.27\text{a})$$

$$\varepsilon_{31} = -\varepsilon_{13} = e_2\alpha \qquad (4.27\text{b})$$

$$\varepsilon_{12} = -\varepsilon_{21} = e_3\alpha \qquad (4.27\text{c})$$

である．

　このように，無限小の Lorentz 変換は，すでに一般の Lorentz 変換の本質的な点をすべて含んでいる．Lorentz 変換の群論的性質のおかげで，上のような無限小変換をしっかり扱っておけば，それを何度も何度も（実は無限回）重ねることにより，有限の Lorentz 変換を作りあげることが可能なのである．したがって，有限の Lorentz 変換がむずかしくて手におえない時には（何か定理を証明するといったような場合），無限小変換を考えて高次の無限小は省略して，話を簡単にすませておけば，一々有限の場合まで戻って見せなくてもよいことになる（ただし，すべての Lorentz 変換が無限小変換から作られるわけではないことは前に注意した．p.101 参照）．

【注　意】
　1. 式（3.8）（3.9）（3.10）に与えた scalar, vector, tensor の定義は次のように理解しなければならない．たとえば式（3.9）の vector を例にとってみよう．式（3.9）の中の $a_{\mu\nu}$ としては，（4.7）とか（4.9）（4.10）とかの特別のものをとったのではいけないので，式（4.1）を満たす最も一般の Lorentz 変換を考えて，4 次元の vector（以下これを簡単に 4-vector という．4-scalar や 4-tensor も，同じく 4 次元の scalar，4 次元の tensor の意味である）を定義しなければならない．<u>どんな $a_{\mu\nu}$ をとっても A_μ が（3.9）に従って変換されるとき</u>，それを 4-vector とよぶ．たとえば，x-方向への Lorentz boost（2.4）をとると，A_μ の変換は

$$A_1' = (A_1 - \beta A_0)/\sqrt{1-\beta^2} \qquad (4.28\text{a})$$

$$A_2' = A_2, \ A_3' = A_3 \qquad (4.28\text{b})$$

$$A_0' = (A_0 - \beta A_1)/\sqrt{1-\beta^2} \qquad (4.28\text{c})$$

となる．これらの式に見られるように，この場合，A_2 と A_3 とは変換を受

けてはいないが，これらを 4-scalar とは呼ばない．別の Lorentz 変換をすると，それらは変換をうけるからである．ただし，x-方向への Lorentz boost は，それだけで群を作っている（つまり，x-方向への Lorentz boost を何度重ねてもやはりそれは x-方向への Lorentz boost である）から，x-方向への Lorentz boost だけを考えるときは (A_1, iA_0) はそれに対して vector, A_2, A_3 は x-方向の Lorentz boost に対して scalar である……といってもかまわない．

2. あとで，3 次元の Newton 力学方程式を 4 次元的に不変な形にする場合，Lorentz 変換の特別な場合，すなわち 3 次元の空間回転だけを考えると便利なことがある．空間回転だけで群をなしていることは，式 (4.9) (4.10) から明らかであろう．したがって，何度空間回転を重ねても，それは空間回転であって，決して Lorentz boost に移らない（ただし，【注意】の 5 参照）．

そこで，3 次元の空間回転だけを別に考え，4 次元 vector A_μ を (4.9) (4.10) で変換してみると

$$A_i' = a_{ij}A_j \tag{4.29a}$$

$$A_4' = A_4 \tag{4.29b}$$

となる．第 4 成分は 3 次元の空間回転に対しては scalar として振舞っている．

したがって，3 次元回転に対して不変な Newton 力学を，4 次元的な回転に対して不変なように書き直す場合，3 次元の scalar は，4 次元では 4-vector の第 4 成分になる可能性と，4-scalar になる可能性とがあることになる．第 7 節で相対論的力学を考えるとき，この点が重要になる．

3. Maxwell の電磁理論を相対論的に書き直す場合に重要になるのは，4 次元における反対称 tensor $F_{\mu\nu}$ である．Tensor $F_{\mu\nu}$ が反対称のときは，それは 6 個しか成分をもたない*．これら 6 個は実は 3 次元回転に対して vector として振舞う 2 個の 3-vectors の成分となっている．以下証明する

---

* 3 次元空間の回転に対して，反対称 tensor は 3 成分をもち，それらは擬 vector の成分になっている．3 次元空間において，2 個の vectors の vector 積が，擬 vector になった事情を思い出すとよい．

ように，反対称 4-tensor は常に 2 個の 3-vectors と同等である．

まず，反対称性より独立な成分は

$$F_{14}, F_{24}, F_{34}, F_{23}, F_{31}, F_{12}$$

である．はじめの 3 個 $F_{i4}(i＝1, 2, 3)$ を空間回転 (4.9) (4.10) で変換してみると

$$F_{i4}' = a_{ij}F_{j4} \tag{4.30}$$

つまり，F_{i4} は 3 次元空間回転に対して 3-vector として振舞う．添字 4 は虚数 i をもっているからそれを

$$F_{i4} \equiv -iE_i \tag{4.31}$$

とおく．この E_i は実量で，3-vector の成分である．

次にあとの成分を考えてみよう．たとえば F_{23} は (4.9) (4.10) の変換に対して

$$F_{23}' = a_{2j}a_{3k}F_{jk} \tag{4.32}$$

これを一々書き出してみると，F_{jk} の反対称性のために

$$
\begin{aligned}
&= (a_{22}a_{33}-a_{23}a_{32})F_{23} \\
&\quad + (a_{23}a_{31}-a_{21}a_{33})F_{31} \\
&\quad + (a_{21}a_{32}-a_{23}a_{31})F_{12} \\
&\equiv b_{11}F_{23}+b_{12}F_{31}+b_{13}F_{12}
\end{aligned} \tag{4.33}
$$

となる．ただし b_{11}, b_{12}, b_{13} はそれぞれ a_{11}, a_{12}, a_{13} の余因子で

$$b_{11} \equiv \begin{vmatrix} a_{22} & a_{23} \\ a_{32} & a_{33} \end{vmatrix} \tag{4.34a}$$

$$b_{12} \equiv -\begin{vmatrix} a_{21} & a_{23} \\ a_{31} & a_{33} \end{vmatrix} \tag{4.34b}$$

$$b_{13} \equiv \begin{vmatrix} a_{21} & a_{22} \\ a_{31} & a_{32} \end{vmatrix} \tag{4.34c}$$

である．ここで行列式の一般論を用いると，式 (4.10) を満たす a_{ij} について

$$b_{11} = a_{11}/\det(a) \tag{4.35a}$$

$$b_{12} = a_{12}/\det(a) \tag{4.35b}$$

$$b_{13} = a_{13}/\det(a) \tag{4.35c}$$

が成り立つ[*1]. ただし

$$\det(a) = \begin{cases} 1 & \text{回転に対し} \\ -1 & \text{反転に対し} \end{cases} \tag{4.36}$$

である[*2]. したがって, 式 (4.33) は

$$F_{23'} = (a_{11}F_{23} + a_{12}F_{31} + a_{13}F_{12})/\det(a) \tag{4.37a}$$

となる. 全く同様にして

$$F_{31'} = (a_{21}F_{23} + a_{22}F_{31} + a_{23}F_{12})/\det(a) \tag{4.37b}$$

$$F_{12'} = (a_{31}F_{23} + a_{32}F_{31} + a_{33}F_{12})/\det(a) \tag{4.37c}$$

を証明することができる. これらの式 (4.37) をよくよくながめると, これはまさに F_{23}, F_{31}, F_{12} が 3 次元擬 vector の第 1, 第 2, 第 3 成分として変換しているという式である[*3]. そこで

$$F_{23} \equiv H_1, F_{31} \equiv H_2, F_{12} \equiv H_3 \tag{4.38}$$

またはまとめて

$$\frac{1}{2}\varepsilon_{ijk}F_{jk} \equiv H_i \tag{4.39}$$

と書くと, H_i は 3-擬 vector の成分として変換されることがわかる. これで, 反対称成分のすべての成分が, 2 個の vectors E_i と H_i で書かれることがわかったわけである. もっと見やすく書くと

$$F_{\mu\nu} = \begin{bmatrix} 0 & H_3 & -H_2 & -iE_1 \\ -H_3 & 0 & H_1 & -iE_2 \\ H_2 & -H_1 & 0 & -iE_3 \\ iE_1 & iE_2 & iE_3 & 0 \end{bmatrix} \begin{matrix} \\ \mu \\ \downarrow \end{matrix} \tag{4.40}$$

$$\nu \rightarrow$$

である.

式 (4.31) (4.39) または (4.40) は, 物理とは関係なく, 4 次元の反対称 tensor のもつ性質である.

上の議論をもっときれいにやるには, $F_{\mu\nu}$ に対してその dual tensor $*F_{\mu\nu}$ を

---

*1　この関係については, 行列式の本を参照. たとえば, 文献 4) 藤原 (1961).

*2　文献 14) 高橋 (1982) を見よ.

*3　回転に対しては vector, 反転に対して符号をかえるものを擬 vector という.

$$*F_{\mu\nu} \equiv \frac{i}{2}\varepsilon_{\mu\nu\lambda\rho}F_{\lambda\rho} \tag{4.41}$$

で定義しておくとよい*. ただし,

$$\varepsilon_{\mu\nu\lambda\rho} = \begin{cases} 1 & \mu\nu\lambda\rho \text{ が } 1234 \text{ の偶置換} \\ -1 & \mu\nu\lambda\rho \text{ が } 1234 \text{ の奇置換} \\ 0 & \end{cases} \tag{4.42}$$

すると, (4.39) および (4.31) の関係はそれぞれ

$$-i*F_{i4} = \frac{1}{2}\varepsilon_{ijk}F_{jk} = H_i \tag{4.43a}$$

$$*F_{ij} = i\varepsilon_{ijk4}F_{k4} = \varepsilon_{ijk}E_k \tag{4.43b}$$

となる. Dual $*F_{\mu\nu}$ も tensor だから, 4 次元の不変量として

$$J \equiv \frac{1}{2}F_{\mu\nu}F_{\mu\nu} = \boldsymbol{H}^2 - \boldsymbol{E}^2 \tag{4.44}$$

$$K \equiv \frac{1}{4}*F_{\mu\nu}F_{\mu\nu} = \boldsymbol{H}\cdot\boldsymbol{E} \tag{4.45}$$

を定義することができる.

4.　ここで, $\boldsymbol{E}$ と $\boldsymbol{H}$ が Lorentz boost に対してどう変換するかを調べておこう.

x-方向への boost

$$a_{\mu\nu} = \begin{pmatrix} 1/\sqrt{1-\beta^2} & 0 & 0 & i\beta/\sqrt{1-\beta^2} \\ 0 & 1 & 0 & 0 \\ 0 & 0 & 1 & 0 \\ -i\beta/\sqrt{1-\beta^2} & 0 & 0 & 1/\sqrt{1-\beta^2} \end{pmatrix} \tag{4.46}$$

に対しては容易にわかるように

$$F_{14'} = (a_{11}a_{44} - a_{14}a_{41})F_{14} = F_{14} \tag{4.46a}$$

$$F_{24'} = a_{22}(a_{41}F_{21} + a_{44}F_{24})$$
$$= (F_{24} - i\beta F_{21})/\sqrt{1-\beta^2} \tag{4.46b}$$

$$F_{34'} = a_{33}(a_{41}F_{31} + a_{44}F_{34})$$

---

*　$*F_{12} = iF_{34}, *F_{23} = iF_{14}, *F_{31} = iF_{24}, *F_{i4} = i\varepsilon_{ijk}F_{jk}/2.$

$$= (F_{34} - i\beta F_{31})/\sqrt{1-\beta^2} \qquad (4.46\text{c})$$

$$F_{23'} = a_{22}a_{33}F_{23} = F_{23} \qquad (4.46\text{d})$$

$$F_{31'} = a_{33}(a_{11}F_{31} + a_{14}F_{34})$$

$$= (F_{31} + i\beta F_{34})/\sqrt{1-\beta^2} \qquad (4.46\text{e})$$

$$F_{12'} = a_{22}(a_{11}F_{12} + a_{14}F_{42})$$

$$= (F_{12} + i\beta F_{42})/\sqrt{1-\beta^2} \qquad (4.46\text{f})$$

となる. これを E や H で書くと，それぞれ

$$E_{1'} = E_1 \qquad (4.47\text{a})$$

$$E_{2'} = (E_2 - \beta H_3)/\sqrt{1-\beta^2} \qquad (4.47\text{b})$$

$$E_{3'} = (E_3 + \beta H_2)/\sqrt{1-\beta^2} \qquad (4.47\text{c})$$

$$H_{1'} = H_1 \qquad (4.47\text{d})$$

$$H_{2'} = (H_2 + \beta E_3)/\sqrt{1-\beta^2} \qquad (4.47\text{e})$$

$$H_{3'} = (H_3 - \beta E_2)/\sqrt{1-\beta^2} \qquad (4.47\text{f})$$

と書ける. これから一般の方向への変換

$$\boldsymbol{E}_{\|}' = \boldsymbol{E}_{\|} \qquad (4.48\text{a})$$

$$\boldsymbol{E}_{\perp}' = (\boldsymbol{E}_{\perp} + \boldsymbol{\beta} \times \boldsymbol{H})/\sqrt{1-\beta^2} \qquad (4.48\text{b})$$

$$\boldsymbol{H}_{\|}' = \boldsymbol{H}_{\|} \qquad (4.48\text{c})$$

$$\boldsymbol{H}_{\perp}' = (\boldsymbol{H}_{\perp} - \boldsymbol{\beta} \times \boldsymbol{E})/\sqrt{1-\beta^2} \qquad (4.48\text{d})$$

を読みとるのは，あまりむずかしくないと思う. これらの変換則 (4.48) は，$F_{\mu\nu}$ が 4 次元の反対称 tensor であるということから出てきたことを，もう一度思い出しておこう.

5. 3+1 次元の Lorentz 変換全体のうち，3 次元空間の回転だけで群をなしている. つまり，回転は何回重ねても回転であって，boost にはならないということを前に注意した. ここで気をつけなければならないことは，boost の方はそれだけでは群をなさず，boost を重ねると回転がまざることがある. たとえば x_1-方向に boost を行い，次に x_2-方向に boost を行うと，結果は再び Lorentz 変換になるが，しかしその結果は純粋な boost ではなく，boost と回転の両方が含まれている. この性質が電子の spin の発見に重要な役割を演じた〔文献 15) 朝永 (1974) 参照〕.

　このことを直接見るには，無限小の boost を 2 回行ってみるのが早道で

ある．または直接，有限の boost を 2 回行ってもよい．ここでは一般の純
boost（4.7）を考えよう．純 boost の特徴は，（4.7b）に見られるように

$$a_{i4} + a_{4i} = 0 \qquad\qquad (4.49)$$

が満たされていることである（付録 E 参照）．この式は物理的にいうと，
ダッシュのついた座標系に対するダッシュのつかない座標系の速度が，そ
の逆，すなわちダッシュのつかない座標系に対するダッシュのついた座標
系の速度と，ちょうど大きさが等しく，方向が反対になっているというこ
とである．というのは，（4.7）の変換から明らかなように，純 boost を考
える場合には，前者は

$$\frac{dx_i{}'}{dx_0{}'}\bigg|_{dx_i = 0} = i a_{i4}/a_{44} = -\beta_i \qquad\qquad (4.50a)$$

であり，後者は（4.7）の逆変換を用いて

$$\frac{dx_i}{dx_0}\bigg|_{dx_i{}' = 0} = i a_{4i}/a_{44} = \beta_i \qquad\qquad (4.50b)$$

だからである．式（4.49）が純 boost の特徴であって，これを満たさない
変換には回転がまざっている．式（4.49）を満たす変換を**純 boost** または
非回転性の Lorentz 変換という．式（4.49）を満たさない変換（のうち a_{i4}
と a_{4i} が共に 0 でないもの）を**回転性の Lorentz 変換**という*.

　そこで，式（4.7）で与えられる純 boost で，x_μ から $x_\mu{}'$ へ変換し，次に
（4.7）にダッシュをつけた別の純 boost で，$x_\mu{}'$ から $x_\mu{}''$ へ変換してみよ
う．そのとき合成された変換（これは x_μ から $x_\mu{}''$ への変換）は

$$b_{\mu\nu} = a_{\mu\lambda} a_{\lambda\nu}{}' \qquad\qquad (4.51)$$

で与えられる．この合成変換が回転性であるか否かを知るには b_{i4} と b_{4i}
を計算して比べてみればよい．式（4.7）を用いると

$$b_{i4} = a_{ik} a_{k4}{}' + a_{i4} a_{44}{}'$$

$$= i\left\{ \beta_i{}'\gamma' + \beta_i \gamma\gamma' + \frac{1}{\beta^2}\beta_i (\boldsymbol{\beta}\cdot\boldsymbol{\beta}')(\gamma-1)\gamma' \right\} \qquad (4.52a)$$

---

*　いずれにしろ，Lorentz 変換の条件から
　　　$a_{4i} a_{4i} = a_{i4} a_{i4} = 1 - a_{44}{}^2$
　　だから 3-vector a_{4i} の大きさと a_{i4} のそれとは等しいことに注意．

$$b_{4i} = -i\left\{\beta_i\gamma+\beta_i'\gamma\gamma'+\frac{1}{\beta'^2}\beta_i'(\boldsymbol{\beta}\cdot\boldsymbol{\beta}')(\gamma'-1)\gamma\right\} \tag{4.52b}$$

が得られる. ただし

$$\gamma \equiv (1-\beta^2)^{-1/2} \tag{4.53a}$$

$$\gamma' \equiv (1-\beta'^2)^{-1/2} \tag{4.53b}$$

である. したがって,

$$-i(b_{i4}+b_{4i}) = \beta_i'(1-\gamma)\gamma'-\beta_i(1-\gamma')\gamma$$
$$-\frac{1}{\beta^2}\beta_i(1-\gamma)\gamma'(\boldsymbol{\beta}\cdot\boldsymbol{\beta}')$$
$$+\frac{1}{\beta'^2}\beta_i'(1-\gamma')\gamma(\boldsymbol{\beta}\cdot\boldsymbol{\beta}') \tag{4.54}$$

となる. これが 0 となる条件を求めるためには, これに β_i をかけてやればよい.

$$-i\beta_i(b_{i4}+b_{4i})$$
$$= (1-\gamma)\gamma'(\boldsymbol{\beta}\cdot\boldsymbol{\beta}')-\beta^2(1-\gamma')\gamma-(1-\gamma)\gamma'(\boldsymbol{\beta}\cdot\boldsymbol{\beta}')$$
$$+\frac{1}{\beta'^2}(1-\gamma')\gamma(\boldsymbol{\beta}\cdot\boldsymbol{\beta}')^2$$
$$= 0 \tag{4.55}$$

したがって, 条件は

$$\beta^2\beta'^2 = (\boldsymbol{\beta}\cdot\boldsymbol{\beta}')^2 \tag{4.56}$$

すなわち, $\boldsymbol{\beta}$ と $\boldsymbol{\beta}'$ とは平行(または反平行)でなければならないということになる. 言いかえると, ちょっとでもちがった方向に 2 度 boost すると, 必ず回転性が入ってくる. この回転がどのようなものであるかを見るには, 回転の行列 a_{ij} によって b_{j4} を b_{4i} にもって行くとよい. それには, 式 (4.11) の $\boldsymbol{e}$ として, b_{j4} と b_{4j} に直角方向の単位 vector をとり, b_{j4} と b_{4j} のなす角だけ回転すればよいことがわかる.

§5. Scalar 場と Doppler 効果

Scalar 波動方程式

　前々節で導入した記号を用いると，以前考察した波動方程式は scalar 場 $\phi(x)$ に対して（3.19）を用いて

$$\Box\phi(x) = 0 \tag{5.1}$$

という極めて簡単な形式をとる*. このように書くと $\Box$ も $\phi(x)$ も scalar だから，波動方程式が Lorentz 変換に対して不変であることが一目瞭然である.

　方程式（5.1）の解を求めるために，ある vector k_μ を用いて

$$\phi(x) \sim \exp(ik_\mu x_\mu) \tag{5.2}$$

という形を仮定して（5.2）を（5.1）に代入すると

$$\partial_\mu\phi(x) = ik_\mu\phi(x) \tag{5.3}$$

したがって，

$$\begin{aligned}\Box\phi(x) &= \partial_\mu\partial_\mu\phi(x) \\ &= -k_\mu k_\mu\phi(x) = 0 \end{aligned} \tag{5.4}$$

でなければならない. $\phi(x)$ は恒等的に 0 ではないから，vector k_μ は

$$k_\mu k_\mu = \boldsymbol{k}^2 - k_0{}^2 = 0 \tag{5.5}$$

を満たすものでなければならない. すなわち

$$k_0 = \pm|\boldsymbol{k}| \equiv \pm\omega/c \tag{5.6}$$

でなければならない. したがって，$\phi(x)$ は一般に

$$\phi(x) = Ae^{i(\boldsymbol{k}\cdot\boldsymbol{x}-\omega t)} + Be^{i(\boldsymbol{k}\cdot\boldsymbol{x}+\omega t)} \tag{5.7}$$

である. 比例定数 A, B は $\boldsymbol{k}$ の関数であってよい. 第 1 項は $\boldsymbol{k}$ の方向に進む，振動数 $\nu = \omega/2\pi$，波長 $\lambda = c/\nu$ をもった波であり，第 2 項は逆むきに進む波である.

---

* $\phi(x_1, x_2, x_3, x_4)$ と書く代りに単に $\phi(x)$ と書く. 以下出てくる場についても，同様の便法を用いる.

波数 vector k_μ の変換

波動方程式 (5.1) の一般解は (5.7) をすべての $\boldsymbol{k}$ について加えあわせたものだが，ここでは (5.7) の右辺第1項だけを取出して考えよう．波の位相 $k_\mu x_\mu$ がなぜこのように不変に書けるのかという点はあとで議論することにし，ここではこの波の相対論的 Doppler 効果と，光行差を問題にしよう．その目的のためには，k_μ が 4-vector であることを具体的に書き出してみればよい．一般の Lorentz boost (4.2) を考えると

$$\boldsymbol{k}_{\parallel}' = (\boldsymbol{k}_{\parallel} - \beta k_0)/\sqrt{1-\beta^2} \tag{5.8a}$$

$$\boldsymbol{k}_{\perp}' = \boldsymbol{k}_{\perp} \tag{5.8b}$$

$$k_0' = (k_0 - (\boldsymbol{\beta}\cdot\boldsymbol{k}))/\sqrt{1-\beta^2} \tag{5.8c}$$

である．そこで

$$k_0 = \omega/c \tag{5.9a}$$

$$k_i = \frac{\omega}{c}l_i \tag{5.9b}$$

によって，波の進む方向への単位 vector $\boldsymbol{l}$ を導入すると便利である*．関係 (5.9) およびダッシュのついた同様の関係を (5.8c) に代入すると

$$\omega' = \omega(1-(\boldsymbol{\beta}\cdot\boldsymbol{l}))/\sqrt{1-\beta^2} \tag{5.10}$$

これを用いて (5.8a) (5.8b) より

$$\boldsymbol{l}_{\parallel}' = (\boldsymbol{l}_{\parallel} - \boldsymbol{\beta})/\{1-(\boldsymbol{\beta}\cdot\boldsymbol{l})\} \tag{5.11a}$$

$$\boldsymbol{l}_{\perp}' = \boldsymbol{l}_{\perp}\sqrt{1-\beta^2}/\{1-(\boldsymbol{\beta}\cdot\boldsymbol{l})\} \tag{5.11b}$$

が得られる．

Doppler shift

式 (5.10) が相対論的 Doppler shift の一般式である．特別な場合として観測者が波の進む方向へ走った場合を考えると

$$(\boldsymbol{\beta}\cdot\boldsymbol{l}) = \frac{V}{c} \equiv \beta \tag{5.12}$$

を (5.10) に代入して

---

* (5.9) を (5.5) に代入すると，$\boldsymbol{l}^2 = 1$ が得られる．

$$\frac{\omega'}{\omega} = \frac{1-\beta}{\sqrt{1-\beta^2}} = \sqrt{\frac{1-\beta}{1+\beta}} \tag{5.13}$$

が得られる．これは以前に図形を用いて計算した結果に一致している（p. 89 を見よ）．

観測者が波と反対方向に走ったならば

$$(\boldsymbol{\beta}\cdot\boldsymbol{l}) = -\beta \tag{5.14}$$

より

$$\frac{\omega'}{\omega} = \frac{1+\beta}{\sqrt{1-\beta^2}} = \sqrt{\frac{1+\beta}{1-\beta}} \tag{5.15}$$

となる．

横 Doppler shift

面白いのは，観測者が波の進む方向と直角に走った場合

$$(\boldsymbol{\beta}\cdot\boldsymbol{l}) = 0 \tag{5.16}$$

で，この場合には（5.10）から

$$\frac{\omega'}{\omega} = \frac{1}{\sqrt{1-\beta^2}} \tag{5.17}$$

が得られる．これは非相対論的な場合にはなかったことである．相対論的な時間ののびからきたものである．

光行差

上の 3 つの場合，光の源に対して動いている観測者の見る波の方向は，（5.11）によって計算される．特に観測者が光のくる方に対して直角に動く場合には，光の振動数は（5.17）によってずれてくるし，また光の方向は

$$\boldsymbol{l}_{\parallel}' = -\boldsymbol{\beta} \tag{5.18a}$$
$$\boldsymbol{l}_{\perp}' = \boldsymbol{l}\sqrt{1-\beta^2} \tag{5.18b}$$
$$\boldsymbol{\beta}\cdot\boldsymbol{l} = 0 \tag{5.18c}$$

によって変化する．たとえば

$$\boldsymbol{l} = (0,1,0) \tag{5.19a}$$
$$\boldsymbol{\beta} = (V/c,0,0) \tag{5.19b}$$

とすると

$$l_x' = -\frac{V}{c} = -\beta \tag{5.20a}$$

$$l_y' = \sqrt{1-\beta^2} \tag{5.20b}$$

したがって，図 4.8 において速度 V で右に走っている観測者に対しては，光
は右上から左下へ向って進むことになる．真上にある遠くの星から地上にふ
りそそぐ光を観測するには，望遠鏡を角

$$\alpha = \tan^{-1}\frac{\beta}{\sqrt{1-\beta^2}}$$

$$\fallingdotseq \tan^{-1}\beta$$

だけ傾けなければならない．ただし，ここでいう観測者の速度とは星に対す
る相対速度のことである．これを**光行差**の現象とよび，18 世紀にすでに
Bradley によって観測されていたことである．直角方向への Doppler 効果
（5.17）は，まだ実験的に確認されていないようである．

非相対論的 Doppler 効果

　ついでに波の位相に Galilei 変換を施して，相対論的な結果と比較してみよ
う．ただし，この場合には光速度も変わる．Galilei 変換

$$\boldsymbol{x}' = \boldsymbol{x} - \boldsymbol{V}t$$

$$t' = t$$

により，波の位相は

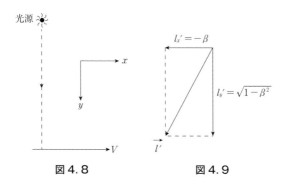

図 4.8　　　　　　図 4.9

$$\omega\left(t - \frac{1}{c}\boldsymbol{l}\cdot\boldsymbol{x}\right)$$

$$= \omega\left(t' - \frac{1}{c}\boldsymbol{V}\cdot\boldsymbol{l}t' - \frac{1}{c}\boldsymbol{l}\cdot\boldsymbol{x}'\right) \tag{5.21}$$

と書かれる．これは Galilei 変換された惰性系での位相

$$\omega'\left(t' - \frac{1}{c'}\boldsymbol{l}\cdot\boldsymbol{x}'\right) \tag{5.22}$$

と同じはずだから

$$\omega' = \omega\left(1 - \frac{1}{c}\boldsymbol{V}\cdot\boldsymbol{l}\right) \tag{5.23a}$$

$$\boldsymbol{l}'\frac{\omega'}{c'} = \boldsymbol{l}\frac{\omega}{c} \tag{5.23b}$$

しかし

$$\boldsymbol{l}'^2 = \boldsymbol{l}^2 = 1 \tag{5.24}$$

だから，(5.23b) から

$$\left(\frac{\omega'}{c'}\right)^2 = \left(\frac{\omega}{c}\right)^2 \tag{5.25}$$

したがって，Doppler 効果の一般式は

$$c' = c\frac{\omega'}{\omega} = c - (\boldsymbol{V}\cdot\boldsymbol{l}) \tag{5.26}$$

となる．(5.23a) によると，光の進む方向に対して直角に走っても角振動数は変化しない．

波の位相の不変性

　上の議論では，波の位相を不変だとして，それを 2 個の vectors k_μ と x_μ の scalar 積 $k_\mu x_\mu$ としてしまった．また Galilei 変換に対しても (5.21) と (5.22) は等しい．つまり，位相は Galilei 変換に対しても不変であるとした．この議論の根拠は次の点にある．まず，波の位相（1+1 次元で考える）の物理的意味を考えてみよう．原点 0 に静止している波源が $t=0$ から波を発射しはじめたとする．単位時間に光源は波を ν 個ずつ出したとすると，時刻 t

までには νt 個の波が発射される. 図4.10
でいうと, t 軸上で間隔 $1/\nu$ ごとに 1 個の
波が出ている. いまこの図の上で (x, t)
で表わされる点 P に目をつける. すると,
BA は点 x に最初の波が到達する時間で,
波の速度を v とすると

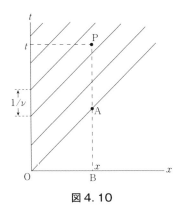

$$\mathrm{BA} = \frac{x}{v} \qquad (5.27)$$

である. したがって,

$$\mathrm{PA} = t - \frac{x}{v} \qquad (5.28)$$

図 4. 10

この時間の間に, 波がいくつ x に到達したかを知るには, (5.28) を波の時間
間隔 $1/\nu$ で割ってやればよい. すると,

点 x において時刻 t までに到達する波の数

$$= \left(t - \frac{x}{v} \right) \bigg/ (1/\nu) = \nu \left(t - \frac{x}{v} \right) \qquad (5.29)$$

となる. これがまさに波の位相である. つまり波の位相とは原点 $x=0$, 時
刻 $t=0$ から発射されはじめた波が, 時刻 t までの間に点 x にいくつ到達し
たかを示すものである.

このことに目をつけると, 波の位相 (5.29) は Lorentz 変換に対しても
Galilei 変換に対しても不変であることがわかる. それには次の図4.11 をな
がめればよい. a, b, 2 つの図の中の点 P は, Lorentz 変換でむすばれる同一
点である. 図 a の方では, 波の位相 (この場合, 光の波を考え $v=c$ とした)
は前に言ったように PA の間の波の数で, それは

$$\nu \left(t - \frac{x}{c} \right) \qquad (5.30)$$

一方図 b の方では, 光波の位相は PA′ の間の波の数で, それは

$$\nu' \left(t' - \frac{x'}{c} \right) \qquad (5.31)$$

である. この "波の数" は図を見ればすぐわかるように, 両図 a と b で同じ

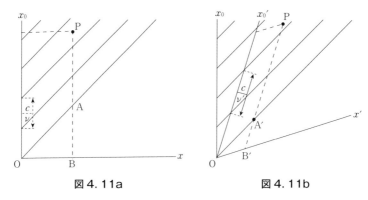

図 4. 11a　　　　　　図 4. 11b

である．座標を変えても座標変換の速度が波より遅いかぎり点 A が A′ に移るだけで，波の数は両系で同じである．Galilei 変換のときは，x' 軸が下に下って水平になるだけだから，やはり両座標系で数えた波の数は PA と PA′ で同じである．したがって，波の位相はこの場合にも不変である．

【注　意】

1. 上の議論は波の角振動数 ω，波数 vector k と波の速度 v の間に簡単な関係

$$\omega = kv \tag{5.32}$$

が成立する場合である．そうでない場合には，式（5.29）が波の位相にならない．たとえば，量子力学における 1 次元の Schrödinger 方程式を満たす波は，（5.32）を満足しないで

$$\omega = \frac{\hbar}{2m}k^2 \tag{5.33}$$

である．したがって，この波に対しては位相

$$\omega t - kx \tag{5.34}$$

は Galilei 変換に対して不変ではない．Galilei 変換に対して不変な量は，この場合（5.34）ではなく

$$\omega t - kx + mx^2/2\hbar t \tag{5.35}$$

である*．

---

* 文献 14) 高橋（1982），p. 31 のあたりを参照．

しかし，Schrödinger の波についても群速度 v_G を考えるならば

$$d\omega = dk v_G \tag{5.36}$$

が成り立つ．したがって，図 4.11 の方法を群速度について考えると，議論はそのまま成り立つ*．この場合は

$$d\omega\left(t - \frac{1}{v_G}x\right) = d\omega t - dk x \tag{5.37}$$

が不変になる．3 次元空間の波では

$$td\omega - x_i dk_i \tag{5.38}$$

が不変になる．式 (5.38) の不変性を用いて (5.20) 以下の計算をくり返すと

$$d\omega' = d\omega - \boldsymbol{V} \cdot d\boldsymbol{k} \tag{5.39a}$$

$$d\boldsymbol{k}' = d\boldsymbol{k} \tag{5.39b}$$

が得られる．式 (5.33) に Galilei 変換を行ってそれを微分式に直すと，ちょうど (5.39) に一致することがわかるであろう．

2. 今まで scalar の場 $\phi(x)$ を考えてきた．たとえば，4-vector $A_\mu(x)$ や tensor $T_{\mu\nu}(x)$ の場も位相の議論に関する限り，全く同じことが成り立つ．vector 場 $A_\mu(x)$ に対して波動方程式

$$\Box A_\mu(x) = 0 \tag{5.40}$$

を要求すると，この vector の各成分についてこの節の議論がそのまま成り立ち，同じように相対論的 Doppler 効果の関係式 (5.10)，(5.11) を導くことができる．事実電磁場は (5.40) の形の方程式を満たす vector 場なのである．

3. 光の波が方程式 (5.40) を満たす 4 個の量 $A_\mu(\mu = 1, 2, 3, 4)$ で表わされるとすると，光には 2 個の偏り方向しかあり得ないという事実とうまく調和しないように見える．この 4 個の量はいったい何に対応するものだろうかと，気になるかもしれない．この点は少々複雑な事情があって，ここで議論するわけにはいかないが，結論をいうと，光を表わす 4 次元 vector の場 $A_\mu(x)$ は，gauge 変換という事情のため，物理的な自由度が 2

---

* 群速度については，たとえば文献 1) 有山 (1971) 参照.

▌個に落ちてしまうのである．詳しくは文献 13) 高橋 (1979) を見られたい．

§6.　相対論的電磁気学

　Einstein の第 II の公理は，光の速度がすべての惰性系で同一の値をとることを主張するものであった．これは単なる実験事実というものではなく，この公理をもとにして，惰性系を定義すると見た方がよい．それによって，惰性系における距離の測り方や時間の測り方が規定される．その結果 2 つの惰性系で測った距離や時間の間の関係は，すべての惰性系に共通な絶対時間の存在を仮定した時のものとは，根本的に異なったものとなる．

　第 II 章で，波動方程式を不変にする変換が存在し，その変換はちょうど 4 次元空間の回転と考えられることを示した．この変換は解釈の相異を別とすれば，Einstein の見出したものと全く同じである．ただし，第 II 章での議論では，数学的複雑さを避けるために，光の波が scalar 量で表わされるようなふりをしていたが，実際には光には偏りというものがあり，簡単に scalar 量では表わされない．一方，第 III 章で紹介した Einstein の理論では，Maxwell の理論とか力学の理論とかに話を限らず，極めて一般的に光速不変の公理（それより少々強い制限）が成り立つように惰性系を定義した．

　さて，電磁気に関する Maxwell の理論をどう取扱ったらよいだろうか？それは，光が速度 c で伝わるということを含んではいるが，それ以外に別の性質をも含んでいるから，Maxwell の理論がそのままで，すべての惰性系において成り立つということも，そんなにあたり前のことではないかもしれない．この点は詳しく調べてみなければ何ともいえない*．

Maxwell の方程式

　まず Maxwell の方程式を全部書き出してみよう．Gauss 単位を用いるとそれは

＊　すべての惰性系で速度 c で伝播し，しかも相対論的でない方程式を書き出してみよといわれたら，そのような例はいくらでも作ることができる．

$$\operatorname{div} \boldsymbol{E}(x) = 4\pi\rho(x) \tag{6.1a}$$

$$\operatorname{curl} \boldsymbol{H}(x) - \frac{1}{c}\frac{\partial}{\partial t}\boldsymbol{E}(x) = \frac{4\pi}{c}\boldsymbol{j}(x) \tag{6.1b}$$

$$\operatorname{div} \boldsymbol{H}(x) = 0 \tag{6.2a}$$

$$\operatorname{curl} \boldsymbol{E}(x) + \frac{1}{c}\frac{\partial}{\partial t}\boldsymbol{H}(x) = 0 \tag{6.2b}$$

である. $\boldsymbol{E}(x)$ と $\boldsymbol{H}(x)$ とはそれぞれ電場と磁場, $\rho(x)$ は電荷密度, $\boldsymbol{j}(x)$ は電流密度である. 式 (6.1a) は電荷に関する Coulomb の法則. 式 (6.1b) は電流のまわりにできる磁場の状態を示す Ampére の法則, 式 (6.2a) は単磁極は存在しないということと, 磁極の間の Coulomb の法則, 式 (6.2b) は磁場の時間的変化と電場の関係を示す Faraday の法則である.

Lorentz の力

これら 4 個 (成分ごとにいうと 8 個) の式に, 電荷に働く力を示す Lorentz 力の式

$$\boldsymbol{f}(x) = \rho(x)\boldsymbol{E}(x) + \frac{1}{c}\boldsymbol{j}(x) \times \boldsymbol{H}(x) \tag{6.3}$$

を加え, さらに電荷密度 $\rho(x)$ や電流密度 $\boldsymbol{j}(x)$ の方程式が与えられると, 物理系全体の理論が完成する. ここでは $\rho(x)$ や $\boldsymbol{j}(x)$ の方の方程式には触れないで, Maxwell の方程式 (6.1) (6.2) と Lorentz 力の式 (6.3) を, 一目瞭然に相対論的不変な形に書くことを考える. 一目瞭然, 相対論的に書くという意味は, 式 (6.1) や (6.2) を前々節で導入した 4 次元 vector や 4 次元 tensor で書くという意味で, そのようにすると 1 つの惰性系で成り立つ関係

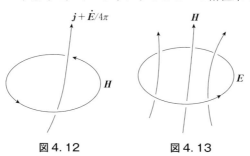

図 4.12　　　　図 4.13

が，どの惰性系でも成り立つことになる．

4 次元 vector current

式 (6.1) (6.2) をながめてみると，左辺は場の量 $E(x)$ や $H(x)$ に，時間または空間に関する一階微分がかかっている．したがって，予想される相対論的方程式は

$$\partial_\mu V_\nu(x) = T_{\mu\nu}(x) \tag{6.4}$$

とか

$$\partial_\mu T_{\mu\nu}(x) = V_\nu(x) \tag{6.5}$$

とかである．ここで，$T_{\mu\nu}(x)$ は tensor，$V_\mu(x)$ は vector である．そこでまず，(6.1) の 2 式を見よう．Vector 解析でよく知られているように

$$\mathrm{div\,curl} \equiv 0 \tag{6.6}$$

だから (6.1b) に div をかけて，式 (6.1a) を使うと ρ と j とは連続の方程式

$$\partial_t \rho(x) + \nabla \cdot j(x) = 0 \tag{6.7}$$

を満たすことがすぐわかる．この式は連続の方程式 (3.23) と全く同じであるから，$\rho(x)$ と $j(x)$ とをいっしょにして，4-vector

$$J_\mu(x) = \left(\frac{1}{c} j(x), i\rho(x) \right) \tag{6.8}$$

とみなそう．そうすると，(6.1) の 2 つの式はそれぞれ 4-vector の時間成分，空間成分になっていることになる．するとおそらく (6.1) の左辺は式 (6.5) の左辺の形に書けるであろう．

4 次元の反対称な場の量

事実，前々節の終わりに議論したように，4 次元の反対称 tensor $F_{\mu\nu}$ は，2 個の 3-vectors で書けるはずだから，電場 E と H とを 1 つの反対称 tensor にまとめてしまうことが可能である．E と H とから (4.31) (4.39) によって，$F_{\mu\nu}$ を定義してみよう．すなわち

$$F_{i4}(x) = -F_{4i}(x) = -iE_i(x) \tag{6.9a}$$

$$F_{ij}(x) = \varepsilon_{ijk} H_k(x) \tag{6.9b}$$

によって，反対称量 $F_{\mu\nu}(x)$ を定義しよう*．そうすると

$$\partial_\mu F_{\mu 4} = \partial_i F_{i4} = -i \operatorname{div} \boldsymbol{E} \tag{6.10a}$$

$$\begin{aligned}\partial_\mu F_{\mu j} &= \partial_i F_{ij} + \partial_4 F_{4j} \\ &= \varepsilon_{ijk}\partial_i H_k - \partial_0 E_j \\ &= -(\operatorname{curl}\boldsymbol{H})_j - \frac{1}{c}\frac{\partial}{\partial t}E_j\end{aligned} \tag{6.10b}$$

だから，2 個の式（6.1）は（6.8）を用いて

$$\partial_\mu F_{\mu\nu}(x) = -4\pi J_\nu(x) \tag{6.11}$$

とまとまる．つまりこの式は Maxwell の式（6.1）と全く同じである．

Lorentz の力

Maxwell 方程式の残り（6.2）の方は少々複雑だからあとまわしにして，Lorentz の力（6.3）を考えると，それは

$$\begin{aligned}f_i(x) &= \rho(x)E_i(x) + \frac{1}{c}\varepsilon_{ijk}j_j(x)H_k(x) \\ &= iJ_0(x)F_{i4}(x) + J_j(x)F_{ij}(x) \\ &= F_{i\nu}(x)J_\nu(x)\end{aligned} \tag{6.12a}$$

とまとまる．この式を見ると，第 4 成分が抜けているから

$$f_4(x) = F_{4\nu}(x)J_\nu(x) = -\frac{i}{c}\boldsymbol{E}(x)\boldsymbol{j}(x) \tag{6.12b}$$

という量も，何らかの形で相対論的電磁気学の中に出てくるはずである．（6.12）の 2 式をいっしょにして，Lorentz の力を 4-vector

$$f_\mu(x) = F_{\mu\nu}(x)J_\nu(x) \tag{6.13}$$

に昇格させよう（式（6.42）を見よ）．

Maxwell 方程式の残り

そこで，残しておいた式（6.2）に話を戻す．第 4 節の式（4.43）を思い出すと

---

* 前々節の議論は，反対称 tensor は 2 個の 3-vectors で書けるということで，2 個の vectors $\boldsymbol{E}$ と $\boldsymbol{H}$ から式（6.9）によって $F_{\mu\nu}(x)$ を定義してもそれが一般の Lorentz 変換に対して tensor として振舞うかどうかはわからない．

$$\partial_\mu {}^*F_{\mu 4} = \partial_i {}^*F_{i4} = i\partial_i H_i \tag{6.14a}$$

$$\partial_\mu {}^*F_{\mu j} = \partial_i {}^*F_{ij} + \partial_4 {}^*F_{4j}$$

$$= \varepsilon_{ijk}\partial_i E_k - \frac{1}{c}\partial_t H_j$$

$$= -\left\{ (\operatorname{curl} \boldsymbol{E})_j + \frac{1}{c}\partial_t H_j \right\} \tag{6.14b}$$

が得られるから，(6.2) はただ 1 つの式

$$\partial_\mu {}^*F_{\mu\nu}(x) = 0 \tag{6.15}$$

にまとまることがわかる．この式はまた

$$\partial_\mu F_{\nu\lambda}(x) + \partial_\nu F_{\lambda\mu}(x) + \partial_\lambda F_{\mu\nu}(x) = 0 \tag{6.15'}$$

とも書かれる．これは自らためしてほしい．

まとめ

　話をまとめると次のようになる．電場 $\boldsymbol{E}$ と磁場 $\boldsymbol{H}$ とを反対称 tensor $F_{\mu\nu}(x)$ の部分

$$F_{i4}(x) = -iE_i(x) \tag{6.16a}$$

$$F_{ij}(x) = \varepsilon_{ijk}H_k(x) \tag{6.16b}$$

と考え，さらに電荷密度 $\rho(x)$ と電流密度 $\boldsymbol{j}(x)$ とを 4 次元 vector

$$J_\mu(x) = \left(\frac{1}{c}\boldsymbol{j}(x), i\rho(x) \right) \tag{6.17}$$

と考えると Maxwell 方程式 (6.1) は

$$\partial_\mu F_{\mu\nu}(x) = -4\pi J_\nu(x) \tag{6.18}$$

また (6.2) は $F_{\mu\nu}(x)$ の dual, ${}^*F_{\mu\nu}(x)$ を用いて

$$\partial_\mu {}^*F_{\mu\nu}(x) = 0 \tag{6.19}$$

または，同じことだが，

$$\partial_\lambda F_{\mu\nu}(x) + \partial_\mu F_{\nu\lambda}(x) + \partial_\nu F_{\lambda\mu}(x) = 0 \tag{6.19'}$$

となる．Lorentz の力は，4 次元 vector

$$f_\mu(x) = F_{\mu\nu}(x)J_\nu(x) \tag{6.20}$$

である．

　ところで，$\boldsymbol{E}$ や $\boldsymbol{H}$ や ρ や $\boldsymbol{j}$ については，3 次元回転に対する性質はそれぞ

れ vector, vector, scalar, vector として知られていた. 相対論的電磁気学で
は, それらを関係 (6.16) (6.17) によって, それぞれ反対称 tensor, vector に
昇格させた. したがって, こうした以上 Lorentz boost をやった時, これら
の量は一定の変換を受けることになる. これは相対性理論以前にはなかった
ことで, Einstein の相対性理論は Maxwell 理論の単なる書きかえ以上のも
のを含んでいるのである. 事実, この Lorentz boost に対する変換性を利用
すると, 一定の速度で走っている荷電粒子のまわりにできる電磁場を, 静止
している荷電粒子のまわりの静電場から計算することができる. この場合に
は, 前に議論した E と H の変換公式 (4.48) を用いる. ただし, この計算お
よびその他の応用については, 電磁気学の適当な教科書を見ていただきたい
〔たとえば文献 6) 平川 (1973) 参照〕.

【注　意】

われわれはここで, Maxwell の方程式を相対論的な形 (6.18) (6.19′) に
書いた. これらの方程式を見ても, そのままでは前節で議論した波動方程
式との関係が明らかではない. つまり, 光が速度 c で伝播するかどうか明
らかではない.

それを見るには, 式 (6.19′) に左から ∂_λ をかけてみればよい. すると
(6.18) を用いて

$$
\begin{aligned}
0 &= \Box F_{\mu\nu}(x) + \partial_\mu \partial_\lambda F_{\nu\lambda}(x) + \partial_\nu \partial_\lambda F_{\lambda\mu}(x) \\
&= \Box F_{\mu\nu}(x) - 4\pi(\partial_\nu J_\mu(x) - \partial_\mu J_\nu(x))
\end{aligned}
\tag{6.21}
$$

が得られる. この式を見ればわかるように, 4 次元電流 (つまり電荷と電
流) のないところでは, $F_{\mu\nu}(x)$ は前に議論した波動方程式

$$
\Box F_{\mu\nu}(x) = 0
\tag{6.22}
$$

を満たす. したがって, この場は速度 c で伝播する.

【余　談】

1. Maxwell 方程式の中で, 電荷や電流に関係しない方の式 (6.2) が,
3-vector potential $A(x)$ と 3-scalar potential $\phi(x)$ の存在を意味するこ
とはご存知だろう. 式 (6.2a) は, ある 3-vector A によって H が

$$
H(x) = \nabla \times A(x)
\tag{6.23}
$$

と書けることを意味し, (6.2b) の方は 3-scalar $\phi(x)$ と 3-vector A を

用いて $\boldsymbol{E}$ が

$$E(x) = -\nabla\phi(x) - \frac{1}{c}\frac{\partial}{\partial t}A(x) \tag{6.24}$$

と書けることを意味する．つまり，式 (6.2) の役割は 6 個の変数 $\boldsymbol{E}$ と $\boldsymbol{H}$ とを，4 個の変数 $\boldsymbol{A}$ と ϕ に減らすことにある．したがって，Maxwell の方程式のうち，電荷や電流に関係した方程式 (6.1) は，外見上 6 個の未知数 $\boldsymbol{E}$ と $\boldsymbol{H}$ に関する 4 個の方程式であるにもかかわらず，実質的には 4 個の未知数に対する 4 個の方程式となっているのである．

関係 (6.23) (6.24) の相対論的表示は

$$F_{\mu\nu}(x) = \partial_\mu A_\nu(x) - \partial_\nu A_\mu(x) \tag{6.25}$$

$$A_\mu(x) = (A(x), -i\phi(x)) \tag{6.26}$$

である．これが，$F_{\mu\nu}$ の定義 (6.16) を用いるとちょうど (6.23) (6.24) に戻ることがすぐわかる．自らためされたい．なお，関係 (6.25) が自動的に (6.19′) を満たすことも明らかであろう（式 (6.19′) は (6.2) と同等であった）．したがって，4-vector potential (6.26) を導入して，$F_{\mu\nu}$ を (6.25) によって表わすと，もう式 (6.19′) や (6.15) はいらなくなる．Maxwell 方程式は (6.11) と (6.25) だけである．

2. そこで，(6.25) を Maxwell の式 (6.11) に代入すると

$$\partial_\mu F_{\mu\nu} = \Box A_\nu - \partial_\nu\partial_\mu A_\mu = -4\pi J_\nu \tag{6.27}$$

4 次元電流 J_μ が与えられたとすると，この式を解いて (6.25) の右辺に代入すれば，$\boldsymbol{E}$ や $\boldsymbol{H}$ が J_μ に応じて定まる．

3. 実をいうと，式 (6.27) は数学的にはたいへん複雑な構造をしている．というのは，

$$A_\mu = \partial_\mu\lambda(x) \tag{6.28}$$

を式 (6.27) の左辺に代入してみると，それが恒等的に 0 となるのである．ということは，もし式 (6.27) の解が 1 つ見つかったとき，それに (6.28) の形の全く勝手なものを加えても，やはりそれは (6.27) の解だということである．つまり，方程式 (6.27) は与えられた 4-電流 J_μ に対して，唯一の解をもたない．この勝手な量 $\lambda(x)$ を $A_\mu(x)$ の **gauge** とよぶ．せっかく 4 個の未知量 A_μ に対して 4 個の方程式を考えるように

書き直したと思ったのに，ここでかたきをうたれたようである．ここで
沈没してしまっては話にならないので，今度は（6.25）をながめてみる．
すると，この不定な gauge 関数 $\lambda(x)$ は（6.25）には全然きかないこと
がわかる．つまり

$$\partial_\mu(A_\nu(x)+\partial_\nu\lambda(x))-\partial_\nu(A_\mu(x)+\partial_\mu\lambda(x))$$
$$=\partial_\mu A_\nu(x)-\partial_\nu A_\mu(x) \tag{6.29}$$

である．これは電場 $\boldsymbol{E}$ と磁場 $\boldsymbol{H}$ を決めるのにどんな $\lambda(x)$ をとっても
かまわないということである．言いかえると，式（6.25）で与えられる
$F_{\mu\nu}(x)$ は **gauge 不変**である．このことを逆手にとって，方程式（6.27）
が意味をもつように $\lambda(x)$ を決めてやると，その方程式を解いて，それ
から（6.25）によって $F_{\mu\nu}$ を求めてもその結果は特別の $\lambda(x)$ によらな
いから好都合であろう．

　式（6.27）をそのまま扱って，何か 1 つの解 $A_\mu{}^{\text{old}}$ が得られたとする．
この解に ∂_μ をかけたら一般には 0 とならず

$$\partial_\mu A_\mu{}^{\text{old}}(x) = s(x) \tag{6.30}$$

となったとしよう．この時方程式

$$\Box\lambda(x) = -s(x) \tag{6.31}$$

をたててこの式を解いて $\lambda(x)$ が 1 つ見つかったとき

$$A_\mu{}^{\text{new}}(x) = A_\mu{}^{\text{old}}(x)+\partial_\mu\lambda(x) \tag{6.32}$$

を定義すると

$$\partial_\mu A_\mu{}^{\text{new}}(x) = \partial_\mu A_\mu{}^{\text{old}}(x)+\Box\lambda(x)$$
$$= s(x)-s(x) = 0 \tag{6.33}$$

となるから，（6.32）の 4-vector potential は常に

$$\partial_\mu A_\mu{}^{\text{new}}(x) = 0 \tag{6.34}$$

を満たしている．したがって，方程式（6.27）により $A_\mu{}^{\text{new}}(x)$ は

$$\Box A_\nu{}^{\text{new}}(x) = -4\pi J_\nu(x) \tag{6.35}$$

の解である．つまり $A_\mu{}^{\text{new}}$ を求めるには，式（6.35）を解きさえすれば
よいことになる．式（6.34）を満たすように gauge $\lambda(x)$ を制限するこ
とを **Lorentz gauge** を採用するという．以下 new を落とすと，解くべ
き方程式は

$$\Box A_\nu(x) = -4\pi J_\nu(x) \tag{6.36a}$$

$$\partial_\nu A_\nu(x) = 0 \tag{6.36b}$$

となり，この $A_\nu(x)$ を用いて（6.25）によって $F_{\mu\nu}$ を決めればよいことになる.

　4. 電磁場のもつ energy や運動量が相対論的にどのように表わされ，どのように変換するかを見出しておくことは実用上たいへん重要なことであろう. この問題を扱うには，実は，場の解析力学による一般論に頼るのが早道である. ここでは高級な議論に頼らないで，電磁場の ener-gy 密度や運動量密度を相対論的に書き直しておこう. それには，文献 13) 高橋（1979）の第 II 章の計算を思い出せばよい.

　Maxwell 方程式（6.1）および（6.2）を適当に組合わせて，まず次の 2 式を導く*.

$$\frac{1}{c}\frac{\partial}{\partial t}\frac{1}{4\pi}(\boldsymbol{E}\times\boldsymbol{H})_i + \partial_j\left\{\frac{1}{8\pi}\delta_{ij}(\boldsymbol{E}^2+\boldsymbol{H}^2)\right.$$
$$\left.-\frac{1}{4\pi}(E_i E_j + H_i H_j)\right\}$$
$$= -\rho E_i - \frac{1}{c}(\boldsymbol{j}\times\boldsymbol{H})_i \tag{6.37}$$

および

$$\frac{1}{c}\frac{\partial}{\partial t}\frac{1}{8\pi}(\boldsymbol{E}^2+\boldsymbol{H}^2) + \partial_j\frac{1}{4\pi}(\boldsymbol{E}\times\boldsymbol{H})_j$$
$$= \frac{1}{c}\boldsymbol{E}\cdot\boldsymbol{j} \tag{6.38}$$

そこで，

$$t_{\mu\nu} \equiv \frac{1}{4\pi}F_{\mu\lambda}F_{\lambda\nu} + \frac{1}{16\pi}\delta_{\mu\nu}F_{\lambda\rho}F_{\lambda\rho} \tag{6.39}$$

で定義される対称な tensor を導入しよう. 各成分を書き下してみると

＊　詳細は文献 13) 高橋（1979）参照.

$$t_{ij} = \frac{1}{4\pi}(E_i E_j + H_i H_j) - \frac{\delta_{ij}}{8\pi}(\boldsymbol{E}^2 + \boldsymbol{H}^2) \tag{6.40a}$$

$$t_{i4} = t_{4i} = -\frac{i}{4\pi}\varepsilon_{ijk}E_j H_k$$

$$= -\frac{i}{4\pi}(\boldsymbol{E}\times\boldsymbol{H})_i \tag{6.40b}$$

$$t_{44} = \frac{1}{8\pi}(\boldsymbol{E}^2 + \boldsymbol{H}^2) \tag{6.40c}$$

であることがわかる. したがって, (6.37) と (6.38) とは

$$\partial_4 t_{4i} + \partial_j t_{ji} = \rho E_i + \frac{1}{c}(\boldsymbol{j}\times\boldsymbol{H})_i \tag{6.41a}$$

$$\partial_4 t_{44} + \partial_j t_{j4} = -\frac{i}{c}\boldsymbol{E}\cdot\boldsymbol{j} \tag{6.41b}$$

これらの式 (6.41) は以前に導入した Lorentz の力の式 (6.12) を用いると, たった1つの式

$$\partial_\mu t_{\mu\nu} = f_\nu \tag{6.42}$$

にまとまる. 電磁気学では, (6.40) で与えられる $t_{\mu\nu}$ の各成分は次のような物理的意味をもっている.

t_{44}：電磁場の energy 密度

ict_{i4}：電磁場の energy の流れの i 成分（Poynting vector）

$\dfrac{i}{c}t_{4j}$：電磁場の j 方向の運動量密度

$-t_{ij}$：電磁場の j 方向の運動量密度の流れの i 成分（Maxwell の応力）

対称な tensor (6.39) を電磁場の**対称 energy-momentum tensor** という. これが対称な tensor として現われたのは, 相対論的理論の特徴である*.

---

* 文献 14）高橋（1982），p. 121 参照.

4 次元化した Lorentz の力が式 (6.42) の右辺に現われたことはたいへん面白い．いうまでもなく，この式はすべての惰性系で成り立つ．Lorentz 力の第 4 成分が energy の時間的変化の式に現われるということは，あとで Newton の方程式を相対論的に改造する場合，たいへんよい suggestion を与えるということを注意しておこう．

5.　これまでに考えてきた電磁場の energy 密度や運動量密度から，場の全 energy や全運動量を得るためには，これらの密度を，ある惰性系を決めてその惰性系における空間座標について，全 3 次元空間にわたって積分しなければならない．この "3 次元空間にわたっての積分" というのは，そのままでは相対論的に共変的な操作ではないので，せっかく 4 次元の tensor にまとめた場の energy 密度や運動量密度も，場の全 energy や全運動量を定義する段階で，非相対論的な要素が入り込んでしまう．図 4.14 を見ればわかるように，ある惰性系の空間積分をするということは，その惰性系における同じ時刻の点についての積分である．また，同時刻ということが惰性系によって異なる相対性理論においては，ダッシュのつかない系とダッシュのついた系での "同時刻における空間積分" は異なったものである．図 4.14 では，AB 間の積分と A′B′ 間の積分とを問題にしなければならないわけである．この 2 つの積分を比較することは一般にはなかなかしんどい．それで，ここでは，次のような制限のきつい場合に限って取扱い，一般の場合の議論は文献 14) 高橋 (1982) にゆずるほかない．

ここではある 4 次元 vector 場 $V_\mu(x)$ が連続の方程式

$$\partial_\mu V_\mu(x) = 0 \qquad (6.43)$$

を満たし，かつ $V_\mu(x)$ が $|\boldsymbol{x}| \to \infty$ で充分速やかに 0 となる場合を問題にする．そしてこのとき

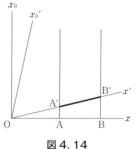

図 4.14

$$\int_{t'=\text{const}} d^3x' V_0'(\boldsymbol{x}', t') = \int_{t=\text{const}} d^3x V_0(\boldsymbol{x}, t) \tag{6.44}$$

を証明する．すると 4-vector の第 4 成分を空間全体にわたって積分したものは不変であるということができる．

式（6.44）を証明するには，式（6.33）を図 4.14 の A′B′BA で囲まれた 4 次元体積 V_4 にわたって積分する．それに Gauss の積分定理を用い，A′B′BA の表面積分に直すと

$$0 = \int_{V_4} d^4x \partial_\mu V_\mu(x)$$

$$= \frac{1}{c}\int_{t'=\text{const}} d^3x' V_0'(\boldsymbol{x}', t') = -\frac{1}{c}\int_{t=\text{const}} d^3x V_0(\boldsymbol{x}, t)$$

$$+（\text{AA}' \text{と BB}' \text{の表面からくる項}） \tag{6.45}$$

となる．そこで，この表面を空間的に ∞ までのばす（図でいうと AA′ を左に，BB′ を右の方へ無限にもっていく）と，仮定により，V_μ は ∞ で 0 となるから，（6.45）の最後の項は落ちてしまう．したがって（6.44）が成り立つ．

ただし，この証明では連続の方程式（6.43）が本質的であり，それを満たさない場合には使えない．

式（6.44）を一般の場合に拡張した関係については，文献 14）高橋（1982）の p.118 参照.

§7. 相対論的力学

前節で見たように，電磁気学の理論を一目瞭然相対論的に不変な形式に書くには，その物理的内容を変更しないで，物理量（たとえば $\boldsymbol{E}$ や $\boldsymbol{H}$ など）に適当な変換性を付与するだけで一応話がまとまる．そうすることによって，Einstein の 2 つの公理を満たす相対論的電磁気学の定式化が完成するわけである．これは，歴史的にも Einstein の相対性理論以前に，Voigt（フォークト）や Lorentz によって Maxwell の方程式の不変性が論じられたことからも予想のつくことであった．ただし，Einstein の理論においては，物理的解

釈がそれ以前のものと異なっている．したがって，Einstein の理論には，単に Maxwell の理論の形式的な整備以上の新しい内容が盛り込まれることになる．式 (4.47) や (4.48) で表わされる電場や磁場の間の変換式はその一例である．

さて，次の仕事は，Newton の力学を Einstein の 2 つの公理を満たすように書き直すことである．Newton の力学は，第 I 章や第 II 章で論じたように，はじめから Einstein の第 II の公理と矛盾する構造をもっているから，物理的内容の変更をしない限り相対論的に書き直すことは不可能である．その場合，いうまでもなく，光の速度 c を ∞ にしたら Newton 力学が再現されるはずであろう（p. 47 の議論参照）．

Newton 力学の基本方程式

$$m_0 \frac{d^2 x_i}{dt^2} = F_i \qquad i = 1, 2, 3 \tag{7.1}$$

を相対論化するにあたって予想される方程式は

質量×（時間に代る不変な変数の 2 階微分）×x_μ
= 4-vector の力の μ 成分

であろう．そこでまず，時間に代わる不変な変数を探さなければならない．

固有時間

第 III 章で議論したように，相対性理論においては惰性系に従って別々の時間がある．しかもそれらの時間は，のびたり縮んだりするようなものであった．相対論的な粒子を 4 次元空間で議論する場合，粒子の世界線は各点で常に時間的である．そこで，<u>粒子の世界線に沿って</u>無限小の変位 dx_μ を考えると，それは時間的である．すなわち

$$-dx_\mu dx_\mu = (ds)^2 \tag{7.2}$$

とおくことができるであろう．式 (7.2) の左辺は不変量だからこの ds は不変である．この式を

$$(ds)^2 = c^2 (dt)^2 - dx_i dx_i$$

$$= c^2 (dt)^2 \left\{ 1 - \frac{1}{c^2} \frac{dx_i}{dt} \frac{dx_i}{dt} \right\} \tag{7.3}$$

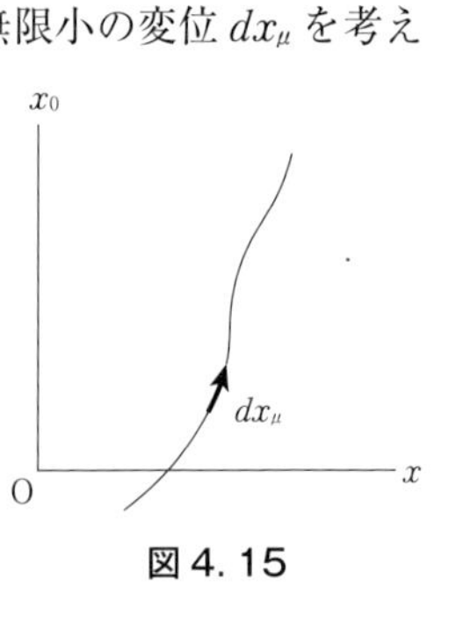

図 4. 15

と書くと不変な量

$$ds = cdt\sqrt{1 - \frac{1}{c^2}v^2} \tag{7.4}$$

が定義できる. ただし

$$v_i \equiv \frac{dx_i}{dt} \tag{7.5}$$

でこれは, ある惰性系における考えている粒子の速度である. したがって, この惰性系における時間 t の代わりに, その惰性系における粒子の速度 $\boldsymbol{v}$ を用いて, 式 (7.4) の右辺の量を作ってやると, それは惰性系によらぬ不変量となる. 式 (7.4) は時間ののびの式と比べてみるとわかるように, ds は粒子に固定された時計による時間である[*1]. この s をこの粒子の**固有時**(proper time) という[*2].

速 度

この不変な固有時を使って, 4-vector

$$u_\mu \equiv \frac{dx_\mu}{ds} \tag{7.6}$$

を定義しよう. これは (7.4) により

$$u_i = \frac{dx_i}{ds} = \frac{1}{c\sqrt{1 - \dfrac{v^2}{c^2}}}\frac{dx_i}{dt}$$

$$= \frac{1}{c\sqrt{1 - \dfrac{v^2}{c^2}}}v_i \tag{7.7a}$$

[*1] (7.4) を v が 0 となるような惰性系, つまり粒子の静止系に移って考えた方がわかりやすいかもしれない.

[*2] 式 (7.4) で $v=c$ とおくと, 右辺は 0 となってしまう. つまり光子のように光の速度で走る粒子の時計は, 時刻を刻まないことになる. したがって, s による微分を考える以下の議論は光子にはあてはまらない.

$$u_0 = -i\frac{dx_4}{ds} = \frac{1}{\sqrt{1-\dfrac{v^2}{c^2}}} \tag{7.7b}$$

である．(7.7a) は，cu_i が Newton 力学における速度 v_i と $v^2 \ll c^2$ で一致することを示している．そして，それは 4-vector の空間成分である．式 (7.7) から

$$u_\mu u_\mu = u_i u_i - u_0 u_0 = -1 \tag{7.8}$$

が得られるから 4-vector u_μ は時間的であり，かつ時間成分 u_0 は空間成分と独立ではない．

運動量

この 4-vector と，不変な質量 m_0 を使って，時間的 4-vector

$$p_\mu \equiv m_0 c u_\mu \tag{7.9}$$

を定義すると*，(7.7a) によって空間成分は

$$p_i = \frac{m_0}{\sqrt{1-\dfrac{v^2}{c^2}}} v_i \tag{7.10a}$$

(7.7b) によって時間成分は

$$p_0 = \frac{m_0 c}{\sqrt{1-\dfrac{v^2}{c^2}}} \tag{7.10b}$$

である．空間成分 (7.10a) の方は，$v^2 \ll c^2$ の場合，Newton 力学における運動量と一致するから，それを**相対論的運動量**とよんでよい．式 (7.10b) の方は，このままでは意味がよくわからないが u_μ に対して条件 (7.8) があるので，p_i と独立なものではない．

---

*　運動量はいつでもこのように定義できるわけではない．式 (7.9) による定義は，粒子の相互作用がきわめて簡単な場合に限られる．運動量を正しく定義するには，解析力学に頼らなければならない．運動量が式 (7.9) からずれる場合の例については p.156 参照．

相対論的 energy

p_0 の物理的意味を見出すために，式（7.8）を固有時 s で微分すると，

$$\frac{du_\mu}{ds} u_\mu = 0 \tag{7.11}$$

が得られる．すなわち，相対論的 4-加速度と 4-速度は常に直交している．これに $m_0 c$ をかけると，（7.9）の定義により

$$0 = \frac{dp_\mu}{ds} u_\mu = \frac{dp_i}{ds}\frac{dx_i}{ds} - \frac{dp_0}{ds}\frac{dx_0}{ds}$$

$$= \frac{1}{c^2(1-(v^2/c^2))}\left(\frac{dp_i}{dt}\frac{dx_i}{dt} - c\frac{dp_0}{dt}\right) \tag{7.12}$$

が満たされなければならない．この式の右辺について考えてみよう．dp_i/dt は運動量の時間的変化で，Newton 力学においては粒子に働く力である．したがって

$$\frac{dp_i}{dt}\frac{dx_i}{dt} = \begin{bmatrix}\text{力が粒子に対して単位時間になす仕事，}\\ \text{すなわち粒子の energy のふえる割合}\end{bmatrix} \tag{7.13}$$

である．粒子の energy を E とする（この E はいまのところ何かわからない）と，（7.13）の右辺は dE/dt に等しく

$$\frac{dp_i}{dt}\frac{dx_i}{dt} = \frac{dE}{dt} \tag{7.14}$$

である．これを（7.12）の右辺に代入すると

$$\frac{dE}{dt} - c\frac{dp_0}{dt} = 0 \tag{7.15}$$

となる．したがって，

$$E = cp_0 = \frac{m_0 c^2}{\sqrt{1-\frac{v^2}{c^2}}} \tag{7.16}$$

ということになる*．こうして，（7.9）で定義した 4-vector p_μ の第 4 成分

---

* 式（7.16）の右辺に勝手な定数をつけておいても（7.15）は成り立つ．この定数を 0 とおくと E/c が 4-vector の第 4 成分になる．

は，粒子の energy 割る c である．

　いま，

$$m(v) \equiv \frac{m_0}{\sqrt{1-\dfrac{v^2}{c^2}}} \tag{7.17}$$

とおくと，式（7.10a）（7.10b）（7.16）はそれぞれ

$$p_i = m(v)v_i \tag{7.18a}$$

$$p_0 = m(v)c \tag{7.18b}$$

$$E = m(v)c^2 \tag{7.18c}$$

と書かれる．この式（7.18c）が energy と質量を結びつける有名な関係である（なお p.175 の【注意】参照）．

　式（7.9）（7.8）により

$$p_\mu p_\mu = \boldsymbol{p}^2 - \frac{1}{c^2}E^2 = -m_0{}^2c^2 \tag{7.19}$$

したがって，

$$E = c\sqrt{\boldsymbol{p}^2 + m_0{}^2c^2} \tag{7.20}$$

という表式もよく使われる．式（7.18a）を逆に解くと

$$v_i = \frac{cp_i}{\sqrt{\boldsymbol{p}^2 + m_0{}^2c_2}} = c^2\frac{p_i}{E} \tag{7.21}$$

これも相対論的粒子に限って成り立つ重要な関係式である．式（7.20）を p_i について微分すると，（7.21）の右辺に等しくなるから

$$v_i = \frac{\partial E}{\partial p_i} \tag{7.22}$$

とも書ける*．

【注　意】

　1. 式（7.20）は

$$E = m_0 c^2 \left(1+\frac{\boldsymbol{p}^2}{m_0{}^2c^2}\right)^{1/2} \tag{7.23}$$

＊　ただし，この式（7.22）は相対論に特徴的な式ではなく，正準形式的な式で，非相対論的理論でも成立する．

と書けるから

$$\boldsymbol{p}^2 \ll m_0{}^2 c^2 \tag{7.24}$$

として展開すると

$$E = m_0 c^2 + \frac{1}{2m_0}\boldsymbol{p}^2 + \cdots\cdots \tag{7.25}$$

となり，右辺第2項がちょうど，古典力学における運動 energy となっている．

2. 式 (7.21) の両辺に E をかけると

$$Ev_i = c^2 p_i \tag{7.26}$$

という式が得られる．これは物理的にたいへん面白い意味をもっている．この式の左辺は粒子に伴って動く energy の流れを表わす．したがって，この式は

$$energy の流れ = c^2 \times 運動量 \tag{7.27}$$

ということである．光の場に対する energy の流れと運動量の間に成り立つ関係 (p.142) と式 (7.27) を比べてみると，それらの類似がはっきりするであろう．光の場の場合には，energy-momentum tensor の対称性のためにやはり，式 (7.27) が成り立つのである．相対性理論においては，このように粒子と場の類似性が非常に顕著になる．このことは次の議論にも現われる．

3. この節の式 (7.18) は，質量のある粒子に対して成り立つ関係である．しかし momentum が 4-vector でそれ自身との scalar 積が不変であるという関係 (7.19) は，質量を 0 とおいても成り立つ．すると (7.20) により質量 $m_0 = 0$ の粒子に対しては

$$E = c|\boldsymbol{p}| \tag{7.28}$$

が成り立つ．この粒子は式 (7.21) によっていつでも速度 c で走っている．

さて，この式 (7.28) と，以前に出てきた速度 c で走る波の波数 vector $\boldsymbol{k}$ と角振動数 ω の関係式 (5.6)

$$\omega = c|\boldsymbol{k}| \tag{7.29}$$

を比べてみると面白い．k_μ と p_μ とは共に 4-vector であり，それらの時間成分と空間成分との関係 (7.28) と (7.29) は全く同じものである．したが

って，p_μ と k_μ とを比例関係

$$\boldsymbol{p} = \hbar\boldsymbol{k} \tag{7.30a}$$

$$E = \hbar\omega \tag{7.30b}$$

で結びたくなる．$\hbar$ はある定数である．これが粒子と波動とを結ぶ Einstein-de Broglie の関係で，この比例定数は Planck の定数

$$h = 6.626176 \times 10^{-27} \text{ erg·sec}$$

を 2π で割ったものである．ただし，（7.30）の関係は，数学的には単に p_μ と k_μ の比例関係にすぎないが，物理的には粒子的量 $\boldsymbol{p}$ と E，および波動的量 $\boldsymbol{k}$ と ω を結ぶ関係であり，量子力学または場の量子論によってはじめて理解されるものである．関係（7.28）を満たす粒子を**光子**という．それが波であるとみるときは，関係（7.29）が満たされる．

運動方程式

さて，そこで，Newton の方程式（7.1）に代わるものとして相対論的な粒子の運動方程式を 4 次元 vector の形

$$\frac{dp_\mu}{ds} = f_\mu \tag{7.31}$$

におく．f_μ は Newton 力学における力にあたるもので，（7.20）の関係により

$$f_\mu u_\mu = 0 \tag{7.32}$$

を満たしていなければならない．また p_μ は

$$p_\mu = m_0 c u_\mu = m_0 c \frac{dx_\mu}{ds} \tag{7.33}$$

である．式（7.31）と（7.33）が相対論的力学の方程式である＊（一方だけとったのでは力学にならないことに注意）．

式（7.31）の空間成分をとってみると（7.4）により

$$\frac{dp_i}{dt} = c\sqrt{1 - \frac{v^2}{c^2}}\, f_i \tag{7.34}$$

これは運動量の時間的変化だから，力である．$v^2 \ll c^2$ で Newton 力学の力に

＊　前にも言ったように，（7.33）は力学系によっては成り立たないことがある．

なるようなものを F_i とすると

$$f_i = \frac{1}{c\sqrt{1-\dfrac{v^2}{c^2}}} F_i \tag{7.35}$$

f_0 の方は式 (7.32) により

$$f_0 = \frac{1}{u_0} f_i u_i = F_i v_i \bigg/ c^2 \sqrt{1-\frac{v^2}{c^2}} \tag{7.36}$$

である.

相対論的力

ここで考えた F_i は，Newton 力学における力にあたる量だが，それは 4-vector の一部ではなく，変な変換性をもっている（この議論はあとまわしにする）. 一方，f_μ の方は，4 次元 vector として振舞う.

式 (7.31) の時間成分の方は同様の議論により

$$\frac{dp_0}{dt} = c\sqrt{1-\frac{v^2}{c^2}} f_0 \tag{7.37}$$

そこで式 (7.16) と式 (7.36) を用いると

$$\frac{dE}{dt} = F_i v_i \tag{7.38}$$

が得られる（この式と式 (6.42) の第 4 成分とを比較してみよ）.

F_i の変換性

残しておいた問題，つまり，F_i の変換性を最後に調べておこう. 簡単のために，x-方向への Lorentz boost のみを考える. すると，

$$F_1' = \frac{dp_1'}{dt'} = \frac{dp_1 - \beta dE/c}{dt - \beta dx/c} = \frac{\dfrac{dp_1}{dt} - \beta \dfrac{dE}{dt}\dfrac{1}{c}}{1 - \dfrac{1}{c}\beta\dfrac{dx}{dt}}$$

$$= \frac{F_1 - \dfrac{\beta}{c}F_i v_i}{1 - \beta\dfrac{v_1}{c}} \tag{7.39}$$

となる．ここに β は 2 つの惰性系の間の速度を c で割ったものであり，$\boldsymbol{v}$ は一方の惰性系における粒子の速度である．

式 (7.39) は，相対性理論においては，力は仕事といっしょに考えなければならない量であることを示している．これはちょうど，相対性理論においては空間と時間が別々でなく，いっしょに考えなければならないのと同様である．

【余　談】

相対論的運動量をここでは式 (7.9) または式 (7.33) で定義したが，これについては p.148 の脚注で注意したように，少々保留があった．この点を少し考えてみよう．それには Lagrange 形式で話をするのが一番よい．まず自由粒子の Lagrangian として

$$L_0 = -m_0 c^2 \left[1 - \frac{1}{c^2} \frac{dx_i}{dt} \frac{dx_i}{dt} \right]^{1/2} \tag{7.40}$$

とおく．変分原理は

$$\delta I = \delta \int_{t_0}^{t_1} dt L_0$$

$$= \int_{t_0}^{t_1} dt m_0 \left[1 - \frac{1}{c^2} \frac{dx_i}{dt} \frac{dx_i}{dt} \right]^{-1/2} \frac{dx_j}{dt} \frac{d\delta x_j}{dt}$$

$$= \int_{t_0}^{t_1} dt \frac{d}{dt} \left[\frac{m_0}{\sqrt{1 - \frac{1}{c^2} v^2}} v_j \right] \delta x_j = 0 \tag{7.41}$$

である*．任意の δx_j に対してこれが成りたつためには

$$\frac{d}{dt} \left[\frac{m_0 v_j}{\sqrt{1 - \frac{v^2}{c^2}}} \right] = 0 \tag{7.42}$$

である．ただし，

$$v_i \equiv \frac{dx_i}{dt} \qquad (i = 1, 2, 3) \tag{7.43}$$

---

* δx_i は $t = t_0$ と t_1 で 0 と選んだ．

とした. 式 (7.42) は

$$\frac{d^2 x_i}{ds^2} = \frac{1}{c^2 \sqrt{1 - \dfrac{v^2}{c^2}}} \frac{d}{dt}\left[\frac{m_0 v_i}{\sqrt{1 - \dfrac{v^2}{c^2}}}\right] = 0 \qquad (7.44)$$

と同じだから, 自由粒子の Lagrangian は (7.40) でよいことがわかる.

運動量は

$$p_i \equiv \frac{\partial L_0}{\partial \dfrac{dx_i}{dt}} = \frac{m_0}{\sqrt{1 - \dfrac{v^2}{c^2}}} v_i \qquad (i = 1, 2, 3) \qquad (7.45)$$

で定義される. Hamiltonian は

$$H_0 = p_i v_i - L_0$$

$$= \frac{m_0}{\sqrt{1 - \dfrac{v^2}{c^2}}} v_i{}^2 + m_0 c^2 \sqrt{1 - \frac{v^2}{c^2}}$$

$$= \frac{m_0 c^2}{\sqrt{1 - \dfrac{v^2}{c^2}}} = c\sqrt{\boldsymbol{p}^2 + m_0{}^2 c^2} \qquad (7.46)$$

となる. これはちょうど, 前に定義した粒子の energy に等しい. または H_0/c を p_0 とおくと, (7.45) と (7.46) は, ちょうど p_μ の定義 (7.9) に一致することがわかる. このように相互作用のない粒子に対しては, 4-速度 u_μ と 4-運動量 p_μ の関係などはこの節の議論がそのまま成り立っている.

次に, この粒子が電荷 e をもっており, 電磁場と相互作用している場合を考えてみよう. そのために (7.40) の Lagrangian に

$$L_1 \equiv \frac{e}{c}(A_i v_i - A_0 c) \qquad (7.47)$$

を加えて, 全 Lagrangian を

$$L = L_0 + L_1 \qquad (7.48)$$

とする. ただし, $A_\mu = (A_i, iA_0)$ は, p.140 で定義した 4 次元の電磁 potential であり, (7.47) においては粒子の位置の関数である. したがっ

て，たとえば

$$\frac{d}{dt}A_i = \frac{dx_j}{dt}\frac{\partial A_i}{\partial x_j} + \frac{\partial A_i}{\partial t} \tag{7.49a}$$

$$\frac{d}{dt}A_0 = \frac{dx_j}{dt}\frac{\partial A_0}{\partial x_j} + \frac{\partial A_0}{\partial t} \tag{7.49b}$$

に注意して Euler-Lagrangian の式を書くと

$$\frac{d}{dt}\left[\frac{m_0}{\sqrt{1-\frac{v^2}{c^2}}}v_i\right] + \frac{e}{c}\frac{d}{dt}A_i + e\frac{\partial A_0}{\partial x_i} - \frac{e}{c}\frac{\partial A_j}{\partial x_i}v_j$$

$$= \frac{d}{dt}\left[\frac{m_0}{\sqrt{1-\frac{v^2}{c^2}}}v_i\right] + e\left(\frac{1}{c}\frac{\partial A_i}{\partial t} + \frac{\partial A_0}{\partial x_i}\right) + \frac{e}{c}\left(\frac{\partial A_i}{\partial x_j} - \frac{\partial A_j}{\partial x_i}\right)v_j$$

$$= 0 \tag{7.50}$$

ここで，vector potential A_μ と $\boldsymbol{E}, \boldsymbol{H}$ の関係を用いると，粒子の運動方程式は

$$\frac{d}{dt}\left[\frac{m_0}{\sqrt{1-\frac{v^2}{c^2}}}v_i\right] = eE_i + \frac{e}{c}(\boldsymbol{v}\times\boldsymbol{H})_i \tag{7.51}$$

となる．この式の右辺は，電荷 e，速度 $\boldsymbol{v}$ をもった粒子に働く Lorentz の力である．

　正準運動量は全 Lagrangian（7.48）から定義されるが，相互作用部分（7.47）が粒子の速度 v_i を含んでいるために，自由粒子の運動量（7.45）とは異なってくる．すなわち（7.47）から

$$p_i = \frac{\partial L}{\partial v_i} = \frac{m_0}{\sqrt{1-\frac{v^2}{c^2}}}v_i + \frac{e}{c}A_i \tag{7.52}$$

である．Hamiltonian は

$$H = p_i v_i - L$$

$$= m_0\sqrt{1-\frac{v^2}{c^2}} + \left(p_i - \frac{e}{c}A_i\right)v_i + eA_0 \tag{7.53}$$

$$= eA_0 + c\sqrt{m_0{}^2 c^2 + \left(\boldsymbol{p} - \frac{e}{c}\boldsymbol{A}\right)^2} \tag{7.54}$$

となる. ただし, (7.53) から (7.54) の形にするのは少々めんどうで, 次のようにやる. まず (7.52) によって

$$\left(\boldsymbol{p} - \frac{e}{c}\boldsymbol{A}\right)^2 = m_0{}^2 v^2 \bigg/ \left(1 - \frac{v^2}{c^2}\right) \tag{7.55}$$

これを v^2 について解くと

$$v^2 = c^2 \left(\boldsymbol{p} - \frac{e}{c}\boldsymbol{A}\right)^2 \bigg/ \left\{ m_0{}^2 c^2 + \left(\boldsymbol{p} - \frac{e}{c}\boldsymbol{A}\right)^2 \right\} \tag{7.56}$$

$$\therefore \ 1 - \frac{v^2}{c^2} = m_0{}^2 c^2 \bigg/ \left\{ m_0{}^2 c^2 + \left(\boldsymbol{p} - \frac{e}{c}\boldsymbol{A}\right)^2 \right\} \tag{7.57}$$

これを (7.52) に代入すると

$$v_i = c\left(p_i - \frac{e}{c}A_i\right) \bigg/ \sqrt{m_0{}^2 c^2 + \left(\boldsymbol{p} - \frac{e}{c}\boldsymbol{A}\right)^2} \tag{7.58}$$

となる. 式 (7.57) と (7.58) を用いて (7.53) から v_i を消去すると, (7.54) が得られる.

　式 (7.54) を用いると

$$\left(\boldsymbol{p} - \frac{e}{c}\boldsymbol{A}\right)^2 + \left(p_0 - \frac{1}{c}A_0\right)^2 = -m_0{}^2 c^2 \tag{7.59}$$

が確かめられる. ただし

$$H \equiv cp_0 \tag{7.60}$$

とおいた. 式 (7.59) は自由粒子の場合の不変式 (7.19) に代わるものである.

　式 (7.51) を $c^2\sqrt{1 - \dfrac{v^2}{c^2}}$ で割って, (7.4) (7.5) を用いると

$$m_0 \frac{d^2 x_i}{ds^2} = \frac{1}{c^2\sqrt{1 - \dfrac{v^2}{c^2}}} \left\{ eE_i + \frac{e}{c}(\boldsymbol{v} \times \boldsymbol{H})_i \right\} \tag{7.61}$$

が得られる. この式と (7.31) (7.35) を比べると[*],

---

[*]　運動量の定義のちがいに注意.

$$F_i = eE_i + \frac{e}{c}(\boldsymbol{v} \times \boldsymbol{H})_i \tag{7.62}$$

であることがわかる．この力が $\boldsymbol{E}$ と $\boldsymbol{H}$ の変換性 (4.47) のために，ちょうど (7.39) の変換性をもっているということを自ら確かめてほしい．

【蛇　足】

　相対論的な力学の方程式 (7.31) の non-trivial な簡単な例をここで 1 つくらいあげておこうと思って，少々考えて見たが，粒子間の力学の範囲では，あまり簡単なものが見つからなかった．Simple harmonic oscillator でさえ，相対論においてはあまり simple ではない．力に対して条件 (7.32) があるというだけでなく，作用が光より速く伝わってはいけないので，Newton 力学の時のように簡単な potential がなかなか作れないのである．粒子力学に限らず，場を入れるとここで話したような例ができる．もう少し簡単なものとして，1 つの scalar 場 $\phi(x)$ と相互作用している相対論的粒子を扱うことができると思うが，これは自分で練習してみて下さい．ただし注意すべきことは，Lagrangian の変換性をよく考えてやること．たとえば L_0 に

$$L_1 = f\phi(x) \tag{7.63}$$

を加えたようなのはだめ．なぜかというと，Lagrangian は scalar ではなく，それを時間 t で積分したものを scalar にしなければならないからである．場の理論に入って，Lagrangian 密度から出発するなら，それは scalar だから話がうんと簡単になる．

§8.　物質場の方程式

　前節の【注意】で光子のことに少しばかり触れた．光子は波動としての側面を見ると方程式

$$\Box \phi(x) = 0 \tag{8.1}$$

を満たす波であり，この式の平面波の解を

$$\phi(x) = A \exp(ik_\mu x_\mu) \tag{8.2}$$

と書いたとき，波数 vector k_μ は (8.1) のために

$$k_\mu k_\mu = 0 \tag{8.3}$$

を満たさなければならない〔式（5.5）参照〕.

一方，光子の粒子的側面は

$$p_\mu p_\mu = 0 \tag{8.4}$$

を満たす 4-momentum p_μ で表わされ，p_μ と k_μ とは Einstein-de Broglie の関係

$$p_\mu = \hbar k_\mu \tag{8.5}$$

で結ばれる．式（8.4）は，光子が質量のない粒子として振舞うことを示している．このことはまた，波の方程式が（8.1）の形をしていることからきていることが容易にわかると思う.

さて，質量を持った粒子の 4-momentum は（8.4）ではなく

$$p_\mu p_\mu = -m_0{}^2 c^2 \tag{8.6}$$

を満たす．もしこの粒子が，光子の時と同様 Einstein-de Broglie の関係（8.5）によって定義された波数 vector k_μ をもった平面波であるとすると，その平面波はどのような方程式を満たすであろうか？　これを見出すために，Einstein-de Broglie の関係（8.5）を（8.6）に代入すると

$$k_\mu k_\mu + \frac{m_0{}^2 c^2}{\hbar^2} = 0 \tag{8.7}$$

が得られる．波数 vector k_μ と微分演算 ∂_μ とは式（5.3）で結ばれているから，（8.7）が成り立つためには，質量を持った粒子に伴う波は，方程式

$$\left[\square - \frac{m_0{}^2 c^2}{\hbar^2}\right]\phi(x) = 0 \tag{8.8}$$

を満たさなければならない．この式は **Klein-Gordon 方程式** と呼ばれ，相対論的場の理論における基本的な方程式である．光の波の方程式（8.1）は Klein-Gordon 方程式（8.8）において $m_0 = 0$ とした特別の場合である.

波数 vector の満たす関係（8.7）からわかるように，式（8.8）を満たす波は，時間的方向に進む．しかし式（8.7）は時間的に未来に進む波と過去に進む波の両方

$$k_0 = \pm\sqrt{\boldsymbol{k}^2 + m_0{}^2 c^2/\hbar^2} \tag{8.9}$$

を表わしていることに気をつけなければならない．未来に進む波（$k_0 > 0$ の

方) には問題はないが，過去に進む方の波（$k_0 < 0$ の方）とはいったい何であろうか？ この方は Einstein-de Broglie の関係を用いてそのまま解釈すると負の energy を持った粒子ということになってしまう．負の energy をもった粒子などはあっては困る．

場の量子論では，$k_0 < 0$ の方の波を，過去に進む負の energy を持った粒子に対応する波と考えないで，<u>未来に進む正の energy を持った反粒子に対応する波</u>と解釈する．したがって，粒子にしろ反粒子にしろ，両方とも正の energy を持ったもので

$$\boldsymbol{p} = \hbar\boldsymbol{k} \tag{8.10a}$$

$$E = \hbar\omega = \hbar c\left[\boldsymbol{k}^2 + \frac{m_0^2 c^2}{\hbar^2}\right]^{1/2} \tag{8.10b}$$

を満たす*．

相対論的場の理論において基本的な方程式としては，(8.8) の他にもう 1 つ Dirac 方程式というのがある．この方程式を説明すると長くなるから，これについては文献 9）西島（1973）を参照していただくことにする．

Klein-Gordon 方程式や Dirac 方程式を満たす波とそれに伴う粒子には，もちろん，よく知られた Heisenberg の不確定性関係が成り立つ．つまり，そのような粒子の位置の不確定さ $\varDelta x$ と，運動量の不確定さ $\varDelta p$ との間には

$$\varDelta x \varDelta p \sim \hbar \tag{8.11}$$

という制限がある．したがって，運動量 $\boldsymbol{p}$ を不確定さなしに決定すると，その粒子がどこにあるかを問題にすることはできない．事実，確実に運動量 $\boldsymbol{p}$ を持った粒子は波数 vector $\boldsymbol{k}$ を持った平面波に対応するが，平面波とは空間全体に拡がったものであって，どこにあるというものではない．次節で論ずる相対論的運動学では，粒子の運動量だけを問題にし，位置の方に関して何も言わないのはそのためである．

【余 談】

量子力学または場の量子力学では，2 つの力学量 A と B の間に交換

---

* この de Broglie の関係について，菊地先生によって書かれたたいへん面白い逸話がある．文献 19）参照．

関係

$$AB - BA = C \tag{8.12}$$

が成り立つと，これから一般に不確定性関係

$$(\Delta A)^2 \cdot (\Delta B)^2 \geq -\frac{1}{4} \langle C \rangle^2 \tag{8.13}$$

が証明される．ある物理量 A を不確定さ ΔA の範囲で測定すると，関係 (8.12) を満たすようなもう 1 つの物理量 B も ΔB だけ不確定になり，ΔA と ΔB とは関係 (8.13) で制限される．したがって，C が 0 でない場合には，ΔA と ΔB の両方を 0 とすることができない．この場合，物理量 A の測定が原因になって B の不確定さ ΔB が起こっている．第 III 章 §4 と §5 で話したように相対性理論においては，互いに空間的に離れた 2 点 $x \equiv (\boldsymbol{x}, ix_0), x' \equiv (\boldsymbol{x}', ix_0')$ の事件の間には原因結果の関係があってはならないので，量子化された場の間の交換関係は，空間的に離れた 2 点の間では 0 でなければならない．さもないと量子力学的測定の不確定さが，光より速く伝わることになってしまう．数式でこれを表現すると次のようになる．4 次元の点 x における物理量を $\phi(x)$ とするとき

$$\phi(x)\phi(x') - \phi(x')\phi(x) = 0 \tag{8.13a}$$

$$(x - x')_\mu (x - x')_\mu \geq 0 \quad (\text{空間的}) \tag{8.13b}$$

でなければならない．この条件 (8.13) を**微視的因果律**（microcausality）といって，場の量子論における基本的関係の 1 つである．

　この条件（および energy が負にならないという条件）を用いると，有名な Pauli の定理が証明される．すなわち，半奇数スピンを持った場（変換論的には spinor の場）は Fermi-Dirac 統計に従うように量子化し，整数スピンを持った場（tensor の場）は Bose-Einstein 統計に従うように量子化しないと，上の条件が満足されない．

　場の方程式 (8.1) にしろ，物質場の方程式 (8.8) にしろ，それらの平面波解は時間的に未来を向いた波数 vector と，時間的に過去を向いた波数 vector を持ったものとがある．時間的に未来を向いた vector と過去を向いた vector とを足し合わせると，空間的に向いた vector を作ることができる．しかし，上に要求した微視的因果律およびその結果であ

る Pauli の定理のおかげで，場の量子論においては，観測量の中にこのような空間的方向に伝わる波は出てこないようになっているわけである．

§9.　相対論的運動学

粒子の 4 次元運動量

以下，粒子の 4-運動量を大文字 P_μ または小文字 p_μ と書く，これらは言うまでもなく，時間的未来を向いた 4-vector で，Lorentz 変換に対し

$$P_\mu' = a_{\mu\nu} P_\nu \tag{9.1}$$

と変換する．したがって，P_μ とそれ自身の scalar 積は不変で

$$P_\mu P_\mu = -M^2 c^2 \tag{9.2}$$

を満たす．M はこの粒子の静止質量である．P_0 としてはいつでも正の方だけをとり，粒子の energy E とは

$$E = cP_0 = c\sqrt{\boldsymbol{P}^2 + M^2 c^2} \tag{9.3}$$

なる関係がある．

粒子がたくさんある場合には，$P_{A\mu}, P_{B\mu}, \cdots\cdots p_{a\mu}, p_{b\mu}, \cdots\cdots$，それらの質量をそれぞれ，$M_A, M_B, \cdots\cdots m_a, m_b, \cdots\cdots$ などと書く．各粒子について (9.1) (9.2) (9.3) が成り立つ．

【注　意】

自由な粒子の 4-運動量は，式 (9.2) を満たしているので時間的 4-vector であるが，これを図形の上に示すには空間時間図形の時のように p_0 を縦軸，p を横軸にした 2 次元の画をかく（図 4.16）．p_0 の正の方だけ考えればよい．図 4.16 の中で O から斜めに出ている破線は

$$P^2 - P_0{}^2 = 0 \tag{9.4}$$

を満たすものである．O から出て線 OL または OL′ 上で終わる vector（たとえば $\overrightarrow{OP}$）は光子である．

質量 M を持った粒子の 4-運動量を図の上で示すにはまず

$$P^2 - P_0{}^2 = -M^2 c^2 \tag{9.5}$$

を満たす双曲線 D′ABCD を描く．O から出発してこの線で終わる vectors $\overrightarrow{OA}, \overrightarrow{OB}, \overrightarrow{OC} \cdots\cdots$ などは，すべて質量 M を持った粒子の 4-運動量である．

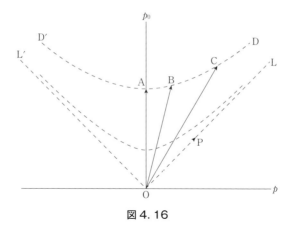

図4.16

Mc をこれらの vector の"長さ"とよぶ（§2の議論を思い出すとよい）．$\overrightarrow{OA}$ はこの粒子が静止している時の 4-運動量 $\overrightarrow{OB}, \overrightarrow{OC}$ と移り変わるに従って，この粒子はだんだんと energy を増してくる．ただし $\overrightarrow{OA}, \overrightarrow{OB}, \overrightarrow{OC}$ などは，すべて同じ"長さ"Mc を持つことに注意すべきである．

　この図を第 III 章で紹介したように Euclid 測度で書き直すこともできるが，相対論的運動学では直接数式を扱った方が早いので，Minkowski 測度のままにしておく．

3-運動量の方向

　まず，4-運動量が vector であるということから惰性系によって 3-運動量の方向がどう変わるかを計算しよう．$\boldsymbol{P}$ を Lorentz 変換 β の方向とそれに直角方向とに分けると

$$\boldsymbol{P}_{\parallel}' = (\boldsymbol{P}_{\parallel} - \beta P_0)/\sqrt{1-\beta^2} \quad (9.6\text{a})$$

$$\boldsymbol{P}_{\perp}' = \boldsymbol{P}_{\perp} \quad (9.6\text{b})$$

$$P_0' = (P_0 - \boldsymbol{\beta}\cdot\boldsymbol{P})/\sqrt{1-\beta^2} \quad (9.6\text{c})$$

が P_μ の変換則である．図 4.17 における角 θ が，Lorentz boost (9.6) を行ったときどう変わるかを見るには

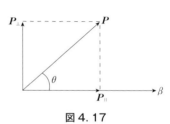

図4.17

$$\tan\theta' \equiv \frac{P_\perp{}'}{P_{\parallel}{}'} = \frac{P_\perp}{P_{\parallel} - \beta P_0}\sqrt{1-\beta^2}$$

$$= \frac{P_\perp/P}{\dfrac{P_{\parallel}}{P} - \beta P_0/P}\sqrt{1-\beta^2}$$

$$= \frac{\sin\theta}{\cos\theta - \beta\dfrac{v}{c}}\sqrt{1-\beta^2} \tag{9.7}$$

を使えばよい．ただし，v は考えている粒子の変換する前の惰性系における速度である．（9.6）の逆変換を用いると，同様にして

$$\tan\theta = \frac{\sin\theta'}{\cos\theta' + \beta\dfrac{v'}{c}}\sqrt{1-\beta^2} \tag{9.8}$$

を導くこともできる．この場合には，v' は変換したあとの惰性系における粒子の速度で，v' と v とは相対論的な速度の加法によって結ばれている．

　これらの式（9.7）および（9.8）と光行差の式（5.11）を比較してみるとよい．

静止系への Lorentz 変換

　ある粒子が，ある惰性系で，4-運動量 P_μ を持っていたとする．そのとき，この粒子が静止している惰性系に Lorentz 変換で移るには，式（9.6）または一般の Lorentz boost の式（4.6）をながめてみればよい．すなわち運動量 $\boldsymbol{P}$ の方向に速度 $c\boldsymbol{P}/P_0$ で走る惰性系に移ってやるとよい．このとき

$$\beta_i = P_i/P_0 \tag{9.9}$$

であり，

$$\boldsymbol{P}_\perp = 0 \tag{9.10}$$

だから（9.6）から

$$\boldsymbol{P}' = 0 \tag{9.11a}$$

$$P_0' = \sqrt{P_0{}^2 - \boldsymbol{P}^2}$$

$$= Mc \tag{9.11b}$$

となる.

速度の合成則

一般の Lorentz boost に対して，粒子の速度がどのように変換されるかという問題も，やはり式（4.6）または式（9.6）から計算することができる．（4.6a）を（4.6b）で割ると直ちに

$$\frac{v_i'}{c} = \left\{\sqrt{1-\beta^2}\left(\delta_{ij}-\frac{1}{\beta^2}\beta_i\beta_j\right)\frac{v_j}{c}+\frac{1}{\beta^2}\beta_i\beta_j\frac{v_j}{c}-\beta_i\right\}$$

$$\div\left\{1-\beta_k\frac{v_k}{c}\right\} \tag{9.12}$$

が得られる．これが速度合成則の最も一般的なものである．この表示は少々見にくいが，$\boldsymbol{v}$ を $\boldsymbol{\beta}$ に平行な成分 $\boldsymbol{v}_\parallel$ と垂直な成分 $\boldsymbol{v}_\perp$ に分けるともっと見やすくなる．そのような公式は

$$\boldsymbol{v} = c\boldsymbol{P}/P_0 \tag{9.13}$$

に注意すると（9.6）から直ちに得られる．結果は

$$\boldsymbol{v}_\parallel' = (\boldsymbol{v}_\parallel-\boldsymbol{\beta}c)/(1-\boldsymbol{\beta}\cdot\boldsymbol{v}/c) \tag{9.14a}$$

$$\boldsymbol{v}_\perp' = \boldsymbol{v}_\perp\sqrt{1-\beta^2}/(1-\boldsymbol{\beta}\cdot\boldsymbol{v}/c) \tag{9.14b}$$

である．Lorentz boost と直角方向の成分も変換を受けることに注意されたい．

2個の粒子の相対速度

粒子 A と B が，それぞれ全く勝手な方向に運動量 $\boldsymbol{p}_\text{A}$ と $\boldsymbol{p}_\text{B}$ で走っているとする．それぞれの粒子の 3-速度を $\boldsymbol{v}_\text{A}, \boldsymbol{v}_\text{B}$ とすると

$$\boldsymbol{p}_\text{A} = \frac{m_\text{A}}{\sqrt{1-\beta_\text{A}^2}}\boldsymbol{v}_\text{A},\ p_\text{A0} = \frac{m_\text{A}c}{\sqrt{1-\beta_\text{A}^2}} = \frac{\varepsilon_\text{A}}{c} \tag{9.15a}$$

$$\boldsymbol{p}_\text{B} = \frac{m_\text{B}}{\sqrt{1-\beta_\text{B}^2}}\boldsymbol{v}_\text{B},\ p_\text{B0} = \frac{m_\text{B}c}{\sqrt{1-\beta_\text{B}^2}} = \frac{\varepsilon_\text{B}}{c} \tag{9.15b}$$

である*.これらの粒子の 4-速度をそれぞれ $u_{\text{A}\mu}, u_{\text{B}\mu}$ とすると，それらの

---

* $\beta_\text{A}^2 = \boldsymbol{v}_\text{A}^2/c^2, \beta_\text{B}^2 = \boldsymbol{v}_\text{B}^2/c^2$

scalar 積は不変量である．したがって，その量はどんな惰性系で計算しても同じ値をとる．まず粒子 B が静止している系で考えると，その系における粒子 A の速度が 2 粒子間の相対速度である．したがって，

$$u_{A\mu} u_{B\mu} = -\frac{1}{\sqrt{1 - v_{\mathrm{rel}}^2/c^2}} \tag{9.16}$$

$$\therefore \ v_{\mathrm{rel}}^2 = c^2 \left\{ 1 - \frac{1}{(u_{A\mu} u_{B\mu})^2} \right\} \tag{9.17a}$$

$$= c^2 \left\{ 1 - \frac{m_A^2 m_B^2 c^4}{(p_{A\mu} p_{B\mu})^2} \right\} \tag{9.17b}$$

となる．右辺は不変量である．この不変量をたとえば勝手な惰性系で計算してやると

$$v_{\mathrm{rel}}^2 = \frac{(\boldsymbol{v}_A - \boldsymbol{v}_B)^2 - \dfrac{1}{c^2} |\boldsymbol{v}_A \times \boldsymbol{v}_B|^2}{(1 - \boldsymbol{v}_A \cdot \boldsymbol{v}_B/c^2)^2} \tag{9.17c}$$

である．これは $\boldsymbol{v}_A$ と $\boldsymbol{v}_B$ で勝手に走っている 2 個の粒子の相対速度を与える[*1]．

式 (9.15) を用いて (9.17c) を書き直すこともできる．結果は

$$\frac{v_{\mathrm{rel}}^2}{c^2} = \frac{c^2 (\boldsymbol{p}_A \cdot \varepsilon_B - \boldsymbol{p}_B \cdot \varepsilon_A)^2 - c^4 |\boldsymbol{p}_A \times \boldsymbol{p}_B|^2}{(\varepsilon_A \varepsilon_B - c^2 \boldsymbol{p}_A \cdot \boldsymbol{p}_B)^2} \tag{9.18}$$

である．これはいうまでもなく不変量で，2 粒子の衝突を扱う場合重要な式である[*2]．

実験室系および重心系

初期状態に 2 個の粒子 A と B が関与する粒子の反応を考えよう．これは単なる散乱でもよいし，衝突に伴って新しい粒子が飛び出してもかまわな

[*1]　この式が特別の場合として，(III.7.18) を含むことを自ら確かめよ．

[*2]　式 (9.18) の右辺を一目瞭然不変な形に書くには，(9.17) に戻ってもよいし，

$$\frac{v_{\mathrm{rel}}^2}{c^2} = \frac{-\dfrac{1}{2}(p_{A\mu} p_{B\nu} - p_{B\mu} p_{A\nu})(p_{A\mu} p_{B\nu} - p_{B\mu} p_{A\nu})}{(p_{A\lambda} p_{B\lambda})^2}$$

と書いてもよい．

い. ここでは粒子の反応以前の初期状態だけを問題にする. このとき, 標的と考えられる粒子, たとえば B が静止している系を**実験室系** (Lab. system) とよぶ. この系での量には, 右肩に L を付けて示すと

$$P_{A\mu}^{L} = (\boldsymbol{P}_A^L, iP_{A0}^L) \tag{9.19a}$$

$$P_{B\mu}^{L} = (0, iM_B c) \tag{9.19b}$$

である.

もう 1 つよく使われる座標系に**重心座標系** (Centre of mass system, 簡単に C. M. system) というのがある. この座標系の量には右肩に C をつけて示すと, この座標系は

$$\boldsymbol{P}_A^C + \boldsymbol{P}_B^C = 0 \tag{9.20}$$

で定義される. つまり $\boldsymbol{P}_A^C$ と $\boldsymbol{P}_B^C$ とは, 大きさが等しく, 方向が反対である. そこで

$$\boldsymbol{P}_A^C = -\boldsymbol{P}_B^C \equiv \boldsymbol{P}^C \tag{9.21}$$

とおくと, 重心系で

$$P_{A\mu}^{C} = (\boldsymbol{P}^C, iP_{A0}^C) \tag{9.22a}$$

$$P_{B\mu}^{C} = (-\boldsymbol{P}^C, iP_{B0}^C) \tag{9.22b}$$

である.

この 2 粒子系では, $P_{A\mu} + P_{B\mu}$ とそれ自身の scalar 積はもちろん不変である. それをまず重心系で計算してみると (9.20), (9.22) を用いて

$$-(P_{A\mu}^C + P_{B\mu}^C)(P_{A\mu}^C + P_{B\mu}^C)$$

$$= (P_{A0}^C + P_{B0}^C)^2 = \frac{1}{c^2}(E_A^C + E_B^C)^2 \tag{9.23a}$$

が得られる. 一方, 実験室系で計算すると

$$-(P_{A\mu}^L + P_{B\mu}^L)(P_{A\mu}^L + P_{B\mu}^L)$$

$$= M_A{}^2 c^2 + M_B{}^2 c^2 - 2P_{A\mu}^L P_{B\mu}^L$$

$$= M_A{}^2 c^2 + M_B{}^2 c^2 + 2M_B E_A^L \tag{9.23b}$$

となる. 不変性により両者は等しいから

$$W^2 \equiv (E_A^C + E_B^C)^2 = M_A{}^2 c^4 + M_B{}^2 c^4 + 2c^2 M_B E_A^L \tag{9.24}$$

という関係が得られる. これは重心系における energy $E_A^C + E_B^C \equiv W$ と, 実験室系における粒子 A の energy E_A^L を結びつける重要な関係である. 前者

の 2 乗が後者の 1 乗と関係しているという点が重要である．つまり，重心系で得られる高 energy $E_A^C + E_B^C$ と同じものを実験室系で得ようと思ったら，(9.24) の関係により，E_A^L はうんとうんと高いものでなければならない．高速度加速器で粒子の反応を調べる場合，同じお金を使っても，2 種の粒子を両側から衝突させた方が，一方を静止させて他方をぶつけるより，うんと高い energy における反応が見られるのは，この理由による．これをちょっと数量的にあたっておこう．

　Proton の質量を M_p とすると

$$M_p c^2 = 940 \times 10^6 \, \text{eV}$$
$$= 0.94 \, \text{GeV} \tag{9.25}$$

である．いま proton と proton とを energy 30 GeV ずつで正面衝突させると，重心系での energy は

$$W = 2 \times 30 \, \text{GeV} \tag{9.26}$$

$M_A = M_B = M_p$ として式 (9.24) を使うと実験室系での proton の energy は

$$E_P^L = W^2/(2M_p c^2) - M_p c^2$$
$$= 1{,}914 \, \text{GeV} \tag{9.27}$$

という非常に大きなものとなる．すなわち，30 GeV の proton beam を正面衝突させるのと同じ効果を，実験室系で静止した proton にぶつけて出そうと思ったら，ほぼ 2,000 GeV くらいの加速器を使わなければならないことになる．

【注 意】

　1. 式 (9.15) の関係を用いて，重心系の条件 (9.20) を速度の関係に直してみると容易にわかるように V_A^{C2} と V_B^{C2} とは

$$V_B^{C2} = c^2 \frac{M_A{}^2 V_A^{C2}}{(M_A{}^2 - M_B{}^2) V_A^{C2} + M_B{}^2 c^2} \tag{9.28a}$$

または

$$V_A^{C2} = c^2 \frac{M_B{}^2 V_B^{C2}}{(M_B{}^2 - M_A{}^2) V_B^{C2} + M_A{}^2 c^2} \tag{9.28b}$$

で結ばれることがわかる．ただし，V_A^C および V_B^C は，それぞれ粒子 A と B の重心系における速度の大きさである．

2. 重心系における粒子 A の運動量 $P_A^C = -P_B^C \equiv P^C$ を，実験室系の energy E_A^L で表わすには，不変量 $P_{A\mu}P_{B\mu}$ を，両系で計算すればよい．それは重心系では

$$P_{A\mu}^C P_{B\mu}^C = -P^{C2} - E_A^C E_B^C / c^2$$
$$= -P^{C2} - \sqrt{P^{C2} + M_A^2 c^2} \sqrt{P^{C2} + M_B^2 c^2} \tag{9.29}$$

一方，同じ量は実験室系で

$$P_{A\mu}^L P_{B\mu}^L = -E_A^L M_B \tag{9.30}$$

となる．(9.29) と (9.30) は同じものだから

$$(P^{C2} + M_A^2 c^2)(P^{C2} + M_B^2 c^2)$$
$$= (E_A^L M_B - P^{C2})^2 \tag{9.31}$$

これを P^{C2} について解くと

$$P^{C2} = M_B^2 \frac{(E_A^L)^2 - M_A^2 c^4}{M_A^2 c^2 + M_B^2 c^2 + 2M_B E_A^L} \tag{9.32a}$$

$$= (P_A^L)^2 \frac{M_B^2 c^2}{M_A^2 c^2 + M_B^2 c^2 + 2M_B E_A^L} \tag{9.32b}$$

となる．これは E_A^L または E_A^L と P_A^L とから P^{C2} を計算するのに用いられる．

式 (9.32) から

$$E_A^C = c\sqrt{P^{C2} + M_A^2 c^2}$$
$$= \frac{c(M_B E_A^L + M_A^2 c^2)}{\sqrt{M_A^2 c^2 + M_B^2 c^2 + 2E_A^L M_B}} \tag{9.33}$$
$$E_B^C = c\sqrt{P^{C2} + M_B^2 c^2}$$
$$= \frac{c(M_B E_A^L + M_B^2 c^2)}{\sqrt{M_A^2 c^2 + M_B^2 c^2 + 2E_A^L M_B}} \tag{9.34}$$

を作っておくと，E_A^L から E_A^C および E_B^C が別々に計算できる．

3. 式 (9.23) と (9.24) に出てきた不変量を

$$-(P_{A\mu} + P_{B\mu})(P_{A\mu} + P_{B\mu}) \equiv s \tag{9.35}$$

と書くこともある．式 (9.24) は，すると

$$E_A^L = \frac{1}{2M_B}(s - M_A^2 c^2 - M_B^2 c^2) \tag{9.36a}$$

式 (9.33) (9.34) はそれぞれ

$$E_A^C = \frac{1}{2\sqrt{s}}(s + M_A{}^2 c^2 - M_B{}^2 c^2) \tag{9.36b}$$

$$E_B^C = \frac{1}{2\sqrt{s}}(s + M_B{}^2 c^2 - M_A{}^2 c^2) \tag{9.36c}$$

とすべて不変量 s で表現できる.

4. 重心系と実験室系を画にかくと図 4.18 のようになる.

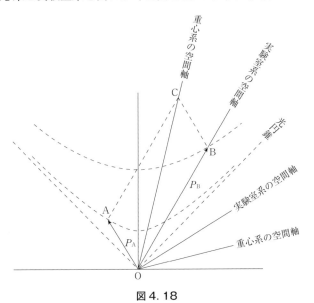

図 4.18

5. 一般に 2 個の粒子 A, B が 4-運動量 $P_{A\mu}, P_{B\mu}$ をもっている系から重心系に移るには

$$\beta = (\boldsymbol{P}_A + \boldsymbol{P}_B)/(P_{A0} + P_{B0}) \tag{9.37}$$

で Lorentz boost をやればよい.

重心系から実験室系へ移るには

$$\beta = \boldsymbol{P}_B^C / P_{B0}^C = -\boldsymbol{P}^C / P_{B0}^C \tag{9.38}$$

で boost をやればよい. 実験室系から重心系へは

$$\beta = \boldsymbol{P}_A^L / (P_{A0}^L + M_B c) \tag{9.39}$$

で boost すればよい. これらの式は自ら確かめて下さい.

4 次元運動量保存則

さて理論全体が

$$x_\mu' = a_{\mu\nu} x_\nu + \varepsilon_\mu \tag{9.40}$$

$$a_{\mu\nu} a_{\mu\lambda} = \delta_{\nu\lambda} \tag{9.41}$$

という，いわゆる非同次 Lorentz 変換に対して不変であると
いうことを要求すると，4 次元の運動量が保存する*．図
4.19 の場合，入射粒子の 4-運動量を $P_{A\mu}, P_{B\mu}, \dots$，放出粒子
のそれを $p_{a\mu}, p_{b\mu}, \dots$ とすると，4-運動量の保存則は，

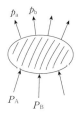

$$\sum_A P_{A\mu} = \sum_a p_{a\mu} \qquad (\mu = 1, 2, 3, 4) \tag{9.42}$$

図 4.19

と書かれる．

入射粒子の 4-運動量が，われわれが実験的に control できる量である場合
には，それらを既知量として扱う．放出粒子の数を n 個とすると，各粒子に
対して energy と運動量の関係 (9.3) があるので，未知量の数は $3 \times n$ 個であ
る．それらの未知量は 4 個の関係 (9.42) で結ばれているから，$3n - 4$ 個の
未知量は，4-運動量の保存則だけからは決まらないことになる．たとえば，
1 個の粒子が 2 個の粒子に崩壊する場合 ($n = 2$ だから)，2 個の量は決まらな
い．2 個の粒子が散乱される場合も同じで
ある．

式 (9.42) で表わされる 4-運動量保存則
は，空間時間図形として表わすとその意味
がよくわかる．$P_{A\mu}$ や $p_{a\mu}$ はすべて未来を
向いた時間的 vector だから（光子を含め
ると未来を向いた光的 vector），それらの
和もまた未来を向いた時間的 vector であ
る．したがって，たとえば入射粒子が 2
個，放出粒子が 5 個の場合には，図 4.20 の

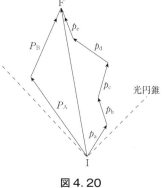

図 4.20

---

* この場合には 10 個の保存量が出る．不変性と保存則の関係については，文献 14) 高
橋 (1982) 参照.

ようなものを書けばよい．入射粒子の 4-運動量を表わす vectors の和が放出粒子の 4-運動量を表わす vectors の和と一致するように画をかけばよい．図 4.20 において，vector $\overrightarrow{\mathrm{IF}}$ を時間軸とする惰性系が重心系，vector P_B を時間軸とする惰性系が実験室系である．§2 で導いた不等式 (2.37) が，この場合あてはまる．それによると vector $\overrightarrow{\mathrm{IF}}$ の "長さ" は，(9.23) および (9.25) または (9.35) によって

$$\frac{W}{c} \equiv \frac{E_A^c + E_B^c}{c} = \sqrt{s} \tag{9.43}$$

である．一方粒子 a, b, c, …… の質量をそれぞれ $m_\mathrm{a}, m_\mathrm{b},$ …… とすると不等式は

$$c\sqrt{s} \geq (m_\mathrm{a} + m_\mathrm{b} + \cdots\cdots)c^2 \tag{9.44}$$

である．式 (9.43) に見られるように，不変量 $c\sqrt{s}$ は重心系において入射粒子の持っている energy である．式 (9.44) の右辺の量は終状態にある粒子がすべて静止している時の energy である．Energy の保存則によって

$$c\sqrt{s} - \sum_\mathrm{a} m_\mathrm{a}c^2 \equiv Q \geq 0 \tag{9.45}$$

が終状態の粒子の持つ運動 energy の和である．

　入射粒子の 4-運動量が与えられると vector $\overrightarrow{\mathrm{IF}}$ の長さが (9.43) によって決まるが，終状態の 5 個の vector の "長さ" $m_\mathrm{a}c, m_\mathrm{b}c,$ …… が与えられても，それらをつないで，I で始まり F で終わるジグザグの線の書き方はいろいろと可能であろう．それが，4-運動量の保存則だけからは終状態が完全に決まらない事情である．

二体崩壊

　4 次元運動量保存の例として，質量 M の粒子が質量 $m_\mathrm{a}, m_\mathrm{b}$ を持った 2 個の粒子に崩壊する場合を問題にしよう．終状態の 2×3＝6 個の未知量に対して，4 個の条件しかないから 2 個だけ決まらない量がでる．この過程を重心系 (親粒子の静止系) でみると，子粒子が互いに反対方向に出て行くかぎり，どの方向でもかまわないという事情が，このことを反映している〔方向を指定するための 2 つの角は決められない〕．

　まず保存則は

$$P_\mu = p_{a\mu} + p_{b\mu} \tag{9.46}$$

この保存則からくる三角形の不等式は

$$M \geq m_a + m_b \tag{9.47}$$

である．これを満たす質量を持った粒子以外には崩壊できない．

重心系における子粒子の energy を知るために式（9.46）を

$$(P_\mu^C - p_{a\mu}^C) = p_{b\mu}^C \tag{9.48}$$

と書いて 2 乗すると

$$p_{b\mu}^C p_{b\mu}^C = P_\mu^C P_\mu^C - 2P_\mu^C p_{a\mu}^C + p_{a\mu}^C p_{a\mu}^C \tag{9.49}$$

したがって

$$m_b^2 c^2 = M^2 c^2 + m_a^2 c^2 - 2Mc p_{a0}^C \tag{9.50}$$

$$\therefore \quad p_{a0}^C = c\frac{M^2 + m_a^2 - m_b^2}{2M} \tag{9.51a}$$

を得る．a と b を交換すると

$$p_{b0}^C = c\frac{M^2 + m_b^2 - m_a^2}{2M} \tag{9.51b}$$

したがって，3-運動量の 2 乗は

$$\begin{aligned}
\boldsymbol{p}_a^{C2} &= p_{a0}^{C2} - m_a^2 c^2 \\
&= c^2\{(M^2 - m_a^2 - m_b^2)^2 - 4m_a^2 m_b^2\}/4M^2
\end{aligned} \tag{9.52a}$$

$$\begin{aligned}
\boldsymbol{p}_b^{C2} &= p_{b0}^{C2} - m_b^2 c^2 \\
&= c^2\{(M^2 - m_a^2 - m_b^2)^2 - 4m_a^2 m_b^2\}/4M^2
\end{aligned} \tag{9.52b}$$

となって，両者が等しいことがわかる．$\boldsymbol{p}_a^C$ と $\boldsymbol{p}_b^C$ とは，方向が反対で大きさが等しいという以外には，どっちの方向を向いているかは決まらない．

式（9.51）（9.52）から粒子 a と b の速度を決めてみると，重心系で

$$v_a^2 = c^2 \boldsymbol{p}_a^{C2}/p_{a0}^{C2}$$

$$= c^2\frac{(M^2 - m_a^2 - m_b^2)^2 - 4m_a^2 m_b^2}{(M^2 + m_a^2 - m_b^2)^2} \tag{9.53a}$$

$$\boldsymbol{v}_b^2 = c^2 \boldsymbol{p}_b^{C2}/p_{b0}^{C2}$$

$$= c^2\frac{(M^2 - m_a^2 - m_b^2)^2 - 4m_a^2 m_b^2}{(M^2 + m_b^2 - m_a^2)^2} \tag{9.53b}$$

となる．

　二体崩壊ぐらいなら，第 III 章で導入した Euclid 測度による図で解くこともできる．図 4.21 において，$\overrightarrow{\mathrm{AC}}$ が親粒子の 4-運動量 $\overrightarrow{\mathrm{AB}}$ と $\overrightarrow{\mathrm{BC}}$ をそれぞれ粒子 a と b の 4-運動量とする．親粒子の静止系で考えると $\overrightarrow{\mathrm{AC}}$ は垂直で，その長さは Mc，$\overrightarrow{\mathrm{AB}}$ および $\overrightarrow{\mathrm{BC}}$ は，スケールの変化を考慮すると，それぞれ $m_a c k_a$，$m_b c k_b$ である*．すなわち

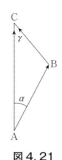

図 4.21

$$\mathrm{AC} = Mc \tag{9.54a}$$

$$\mathrm{AB} = m_a c k_a = m_a c \sqrt{\frac{1+\beta_a{}^2}{1-\beta_a{}^2}} \tag{9.54b}$$

$$\mathrm{BC} = m_b c k_b = m_b c \sqrt{\frac{1+\beta_b{}^2}{1-\beta_b{}^2}} \tag{9.54c}$$

である．ただし，

$$\beta_a{}^2 \equiv v_a{}^2/c^2 \tag{9.55a}$$
$$\beta_b{}^2 \equiv v_b{}^2/c^2 \tag{9.55b}$$

である．また

$$\angle \mathrm{CAB} = \alpha = \tan^{-1}\beta_a \tag{9.56a}$$
$$\angle \mathrm{BCA} = \gamma = \tan^{-1}\beta_b \tag{9.56b}$$

したがって運動量保存則は垂直方向に

$$\mathrm{AC} = \mathrm{AB}\cos\alpha + \mathrm{BC}\cos\gamma \tag{9.57a}$$

水平方向に

$$\mathrm{AB}\sin\alpha = \mathrm{BC}\sin\gamma \tag{9.57b}$$

である．(9.54)(9.56) を使うと (9.57) は

$$Mc = m_a c \frac{1}{\sqrt{1-\beta_a{}^2}} + m_b c \frac{1}{\sqrt{1-\beta_b{}^2}} \tag{9.58a}$$

$$m_a c \frac{\beta_a}{\sqrt{1-\beta_a{}^2}} = m_b c \frac{\beta_b}{\sqrt{1-\beta_b{}^2}} \tag{9.58b}$$

となる．式 (9.58a) は (9.46) の時間成分を c で割ったもの，また (9.58b) は (9.46) の空間成分の式である．

＊　これらの因子 k_a, k_b については p.80 参照．

これらを解くには，(9.58a) の右辺第 1 項を左辺に移してから 2 乗すると

$$M^2 - \frac{2Mm_a}{\sqrt{1-\beta_a^2}} + \frac{m_a^2}{1-\beta_a^2} = \frac{m_b^2}{1-\beta_b^2} \qquad (9.59\text{a})$$

(9.58b) を 2 乗すると

$$\frac{m_a\beta_a^2}{1-\beta_a^2} = \frac{m_b\beta_b^2}{1-\beta_b^2} \qquad (9.59\text{b})$$

これら 2 式を差引いて整理すると，前の式 (9.53a) が得られる．同様にして (9.53b) も得られる．

【注　意】

式 (7.18c) で，われわれは $E = m(v)c^2$ という有名な関係を導いた．しかし (7.18c) の段階では，energy を 4 次元 vector の第 4 成分 ($\times c$) で定義した結果そうなったので，単なる energy の定義の問題と考えられないこともない．energy と質量の関係が本当にその真価を発揮するのは，ここで考えた $M \rightarrow m_a + m_b (M \geq m_a + m_b)$ のように，質量 M の一部，または全部が完全に energy に変わってしまう場合である．

いま，質量 M の放射性物質が質量 $m (\equiv m_b)$ の β-線を放出して，質量 $M'(\equiv m_a)$ に変化したとしよう．この場合，二体崩壊の計算がそのまま使えるから式 (9.58a)

$$Mc = M'c/\sqrt{1-\beta_{M'}^2} + mc/\sqrt{1-\beta^2} \qquad (9.60)$$

が成り立つ．この式は

$$(M-M')c^2 = M'c^2/\sqrt{1-\beta_{M'}^2} - M'c^2 + mc^2/\sqrt{1-\beta^2} \qquad (9.61)$$

と書くことができる．この左辺は放射性物質の質量の変化 $\Delta M \times c^2$ である．一方，右辺のはじめの 2 項は崩壊物質の運動 energy，第 3 項は β-線の energy で，これだけが反応によって生じた energy ΔE である．したがって，式 (9.61) は

$$\Delta M c^2 = \Delta E \qquad (9.62)$$

と書かれる．消えてしまった質量 $\Delta M \times c^2$ だけが energy の形に変化してしまったことを示している．

Compton 散乱

　光が電子によって散乱され，光の振動数が変化する現象は，光の粒子説を確立する上でたいへん重要な役割を果たした．古典電磁気学によると，このような現象は起こらないはずだからである*．光の粒子が光的な 4-運動量を持ち，Einstein-de Broglie の関係（8.5）を用いて散乱光と入射光の振動数を比べてみると，それらの間の差が計算できる．

　いま，入射光子と電子の 4-運動量をそれぞれ $\hbar k_\mu^{(0)}, P_\mu^{(0)}$，散乱光子と電子のそれを $\hbar k_\mu, P_\mu$ とすると保存則は

$$\hbar k_\mu^{(0)} + P_\mu^{(0)} = \hbar k_\mu + P_\mu \tag{9.63}$$

である．この場合にも 2 個の不定量がある．いま $\hbar k_\mu$ の項を左辺に移項して 2 乗すると

$$\hbar^2(k_\mu^{(0)2} + k_\mu^2 - 2k_\mu^{(0)}k_\mu) + 2\hbar(k_\mu^{(0)} - k_\mu)P_\mu^{(0)} + P_\mu^{(0)2}$$
$$= P_\mu^2 \tag{9.64}$$

$\hbar_\mu^{(0)}, k_\mu$ は光的 vector，$P_\mu^{(0)}, P_\mu$ は電子の時間的 vector だから（9.64）から

$$\hbar^2 k_\mu^{(0)} k_\mu = \hbar(k_\mu^{(0)} - k_\mu)P_\mu^{(0)} \tag{9.65}$$

が得られる．初期状態で電子は静止していたとすると

$$P_\mu^{(0)} = (0, imc) \tag{9.66}$$

したがって（9.65）は

$$\hbar^2\left(\boldsymbol{k}^{(0)} \cdot \boldsymbol{k} - \frac{1}{c^2}\omega^{(0)}\omega\right) = \hbar(\omega - \omega^{(0)})m \tag{9.67}$$

となる．入射光子と散乱光子の間の角を θ とすると，（9.67）の両辺を $\omega^{(0)}\omega$ で割って

$$\frac{\hbar}{mc^2}(1 - \cos\theta) = \left(\frac{1}{\omega} - \frac{1}{\omega^{(0)}}\right) \tag{9.68}$$

そこで

$$\frac{c}{\omega} = \frac{\lambda}{2\pi} \tag{9.69}$$

---

*　古典電磁学では，光が電子にあたると，電子は光と同じ振動数でゆすぶられ，再びそれと同じ振動数の光を発射するから，散乱された光は入射光と同じ振動数を持つはずである．

を使って波長の関係に直すと

$$\lambda - \lambda_0 = \frac{2h}{mc}\sin^2\frac{\theta}{2} \tag{9.70}$$

となる．したがって，静止した電子による散乱光の波長は長くなっている．

　相対論的速度で動いている電子によって光子が散乱される場合には，上と逆に，散乱光子の振動数は大きくなる（つまり散乱光子の波長は短くなる）．この点については自ら計算してみられるとよい．これは**逆 Compton 散乱**と呼ばれている現象である．非常に高熱の星の中では，このような現象が起こっている．

あ と が き

　特殊相対性理論に話を限っても，この他いろいろと話題はつきないが，この辺で一応話をうち切ることにしよう．この本で論じたことは，これから相対論に少しでも関係した分野の勉強をする場合，すぐ問題になるような基本的なことがらばかりである．これからもっと相対論を深く掘り下げたい読者は，まず 4 次元空間における tensor 解析をしっかりと勉強して，それから専門書に移っていかれるとよい．物理の分野では，相対論的熱力学，統計力学，弾性論などがある．それから，重力を含めた一般相対論からさらに宇宙論に進んでいくためには，微分幾何学の知識がかなり必要である．この方向への基本的なことをあまり数学的にならずに勉強していくには，文献 3) 藤井 (1979) または文献 2) Dirac（1977）が最適であろう．相対論的な運動学，特に高エネルギー物理学における応用については，文献 5) Hayakawa（1969）の付録，文献 18) 山本（1973）などが適当であろう．

　なお，この本で紹介した Euclid 測度による空間時間図形の方法についてはちゃんと書いたものが見当たらない．一番近いのが文献 12) Synge (1965) である．ただし，この本は少々むずかしい．文献などにたよらずに自分でいろいろとやってみることである．

　Møller（文献 8) の本は，あまり形式的にならず，応用方面でもよくバランスのとれた本だと思うが，彼の説明は必ずしも明快でないことがある．この本の話題の進め方に沿って，自分で手を使って全部自分なりに相対論を再構成してみるのがよいかもしれない．

付録 A　　Newton 力学系と電磁系結合の 1 つの例

Galilei 変換に対しても，また 4 次元回転に対しても不変でない系の例として，Newton 力学に従う荷電粒子が，4 次元回転に対して不変な光と相互作用する例を考えてみよう．このような系では，不変性がないために，1 つの座標系で計算した結論とまた別の座標系で計算した結論とが同じでないことになる．

いま，質量 m の荷電粒子の運動量を $\boldsymbol{P} \equiv m\boldsymbol{v}$ としよう．すると，この粒子の energy は

$$E = \frac{1}{2}m\boldsymbol{v}^2 = \frac{1}{2m}\boldsymbol{P}^2 \tag{A.1}$$

である．

一方，光の方は，相対論的量子力学によると，energy

$$\varepsilon = c|\boldsymbol{p}| \tag{A.2}$$

をもった光子から成っている．$\boldsymbol{p}$ は光子の運動量である．

そこで，運動量 $\boldsymbol{P}$ で飛んでいる荷電粒子が 1 個の光子を発射して，運動量 $\boldsymbol{P}'$ に変わることができるかどうかを，energy と運動量保存則を用いて調べてみることにする．

初期状態では 1 個の荷電粒子しかないから，系の全 energy は E，全運動量は $\boldsymbol{P}$ である．一方，終状態には 1 個の荷電粒子と 1 個の光子があるから，系の全 energy は $E'\left(=\dfrac{1}{2m}\boldsymbol{P}'^2\right)+\varepsilon$ であり，全運動量は $\boldsymbol{P}'+\boldsymbol{p}$ である．したがって energy 保存則は

$$E = E' + \varepsilon \tag{A.3}$$

運動量保存則は

$$\boldsymbol{P} = \boldsymbol{P}' + \boldsymbol{p} \tag{A.4}$$

となる．もしこの過程が可能なものならば，式 (A.3) と (A.4) は両立しているはずである．両立していないならばこの過程は起こらない．

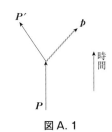

図 A. 1

まず簡単のために荷電粒子の静止系をとってみよう．すなわち

$$\boldsymbol{P} = 0 \tag{A.5}$$

とおくと $E = \dfrac{1}{2m}\boldsymbol{P}^2$ だから，energy 保存則（A.3）の方は

$$0 = E' + \varepsilon \tag{A.6}$$

となってしまう．右辺の方は両方とも正の量だから，（A.6）は不可能である．したがって，"静止している荷電粒子が 1 個の光子を発射することはあり得ない"という結論がでる．

　理論が Galilei 変換に対して不変でなかった（光の方には相対論的関係を用いたから）ことを忘れて，上の結論を別の座標系に移して，"荷電粒子は決して 1 個の光子を発射しない"と言っては間違いである．

　このことをみるために，荷電粒子を静止系にもっていかずに計算してみよう．

　まず（A.3）を（A.1）（A.2）などを用いて運動量で書くと

$$\boldsymbol{P}^2 = \boldsymbol{P}'^2 + 2mc|\boldsymbol{p}| \tag{A.7}$$

　次に，運動量保存則（A.4）を用いて（A.7）から $\boldsymbol{P}'$ を消去すると

$$\boldsymbol{p}^2 + 2mc|\boldsymbol{p}| - 2\boldsymbol{P}\cdot\boldsymbol{p} = 0 \tag{A.8}$$

が得られる．いま $\boldsymbol{P}$ と $\boldsymbol{p}$ の間の角を θ とすると，（A.8）は

$$|\boldsymbol{p}| \equiv p \neq 0 \tag{A.9}$$

とするとき

$$p + 2mc - 2P\cos\theta = 0 \tag{A.10}$$

となる．ただし

$$|\boldsymbol{P}| \equiv P \tag{A.11}$$

とおいた．式（A.10）が解をもつか否かをみるには，それを

$$\cos\theta = \frac{1}{2P}(p + 2mc) \tag{A.11'}$$

と書いてみればよい． P がもし充分大きくて

$$p + 2mc < 2P \tag{A.12}$$

を満たすなら，（A.11）の右辺は 0 と 1 の間にくるから，energy と運動量の保存則を同時に満たす角 θ が存在し得ることになる．（A.12）の左辺の p は，0 から ∞ まで変わり得

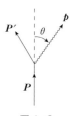

図 A.2

るが，第 2 項は決まった定数だから，結論として

$$P > mc \tag{A.13}$$

ならば，――つまり荷電粒子が光より速い速度で走っていれば，それは 1 個
の光子を発射し得ることになる*.

　もし，荷電粒子の方にも相対論的な関係

$$E = c\sqrt{\boldsymbol{P}^2 + c^2 \boldsymbol{m}^2} \tag{A.14}$$

を用いて上の計算をたどってみると，今度は常に"相対論的荷電粒子は 1 個
の光子を発射し得ない"という結論になる．この場合は，荷電粒子と光子の
全系が相対論的に不変だから，便利な座標系たとえばはじめの荷電粒子の静
止系で計算すれば充分なのである．

---

* 　光が媒質中を走っているなら，光の速度は荷電粒子の速度より遅くなることがあるか
　ら，実際に光が発射されることがあり得る．これが媒質中における Cerenkov 効果と
　して知られている現象である．上の計算では，光子には媒質がなく，荷電粒子の静止
　系をとった時にも光子の速度は c であるとしたので，座標系のとり方によって異なる
　結論が出るという変なことが起こったのである．

Michelson-Morley の実験

光が ether を媒質として速度 c で伝わるとすると, ether に対して速度 V で光に向かって走っている観測者にとっては, 光の速度は $c+V$ であり, 光と同じ方向に向かって観測者が走る場合には, 光速度は $c-V$ であろう.

いま, 光源の位置 A と鏡の位置 B との距離を l としよう. この装置が ether の中を左から右へ向けて速度 V で走っている場合を考える. この場合, 光が A から B にいって反射され, もとの点 A に戻ってくるまでに要する時間は, Galilei の速度合成則を用いると,

$$T_\| = \frac{l}{c+V} + \frac{l}{c-V} = \frac{2l}{c}\frac{1}{1-V^2/c^2} \tag{B.1}$$

である.

一方, この装置を ether の運動に対して直角に向けると, 光は ether について流されるから A で出た光を A′ で受けなければならない. 光が A を出て B で反射され, A′ に戻る時間を $T_\perp$ とすると

$$\mathrm{AA'} = VT_\perp \tag{B.2}$$

である. したがって,

$$\mathrm{AB} = \mathrm{A'B} = \sqrt{l^2 + (VT_\perp/2)^2} \tag{B.3}$$

距離 ABA′ を光が走る時間が $T_\perp$ であるから, これらの間に

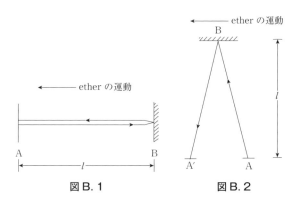

図B. 1　　　　図B. 2

$$T_\perp = \frac{2}{c}\sqrt{l^2 + (VT_\perp/2)^2} \tag{B.4}$$

という関係が成り立つ. これを解くと

$$T_\perp = \frac{2l}{c}\frac{1}{\sqrt{1-V^2/c^2}} \tag{B.5}$$

となる. 同じ距離を伝わるのに光が ether の運動の方向を往復するのと ether の運動を横ぎって往復するのとでは, たいへん小さいものではあるが, 差があることになる. その比をとってみると

$$\frac{T_\parallel}{T_\perp} = \frac{1}{\sqrt{1-V^2/c^2}} \tag{B.6}$$

である.

いま, V としてたとえば地球の公転の速度

$$V \sim 3\times10^6 \, \mathrm{cm/sec}$$

をとり, 光の速度として

$$c \sim 3\times10^{10} \, \mathrm{cm/sec}$$

をとると

$$\frac{T_\parallel}{T_\perp} = \frac{1}{\sqrt{1-10^{-8}}}$$

であり 1 からのずれはたいへん小さい.

Michelson-Morley の実験は, この小さい量を見出すために行われたものである.

Michelson はこの実験を 1881 年にベルリンで始めたが, 交通機関の振動を避けることができなかったので, 後にポツダムの天文台に移った. それからアメリカへ帰ってから, 化学者 Morley と共同研究することになり, さらに精密な実験をくり返した. それでもやはり, われわれの ether に対する運動の効果は見出せなかった.

1887 年に発表された Michelson-Morley の実験では

$$l = 1\times10^3 \, \mathrm{cm}$$

また, 光としてはナトリウムの単色光が用いられ, その波長は

$$\lambda = 5.9\times10^{-5} \, \mathrm{cm}$$

であった．したがって

$$c(T_\| - T_\perp) \approx l\left(\frac{V}{c}\right)^2 = 10^{-5}\,\mathrm{cm}$$

程度の小さい量も，光の干渉を利用すれば測定できるはずのものであった．

　この否定的な実験を説明するために Lorentz と Fitzgerald とは，独立に次のような仮説をたてた*．すなわち長さ l の棒が ether の中を速度 V で走る時には，棒が速度の方向に向いている場合，長さが $\sqrt{1-V^2/c^2}$ だけ短縮するというのである．すなわち棒の長さは l から $\sqrt{1-V^2/c^2}$ に変わる．すると上の計算で $T_\|$ の方の l を

$$l_\| = l\sqrt{1-V^2/c^2} \tag{B.7}$$

で置き換えなければならないことになる．式 (B.1) の l をこれで置き換えてやると，すぐわかるように

$$T_\| = T_\perp$$

となり，その差が観測できないことになる．

　式 (B.7) は，通常 Fitzgerald-Lorentz の短縮と呼ばれているが，これは Einstein の相対性理論にでてくる長さの短縮とは全然意味が違うことに注意したい．式 (B.7) の中の V は，ether に対する棒の速度である．一方，Einstein の相対性理論による式 (III.4.11) や (III.4.20) の中の V は，棒に対する観測者の速度である．

---

*　Fitzgerald は，アイルランド，ダブリンの Trinity College で教えていた．彼の実直な性格につけこんで，特に医学系の学生達が悪いいたずらをして彼を度々困らせたそうである．彼はそのために，たいへんみじめな老後を送ったそうである．老教授をからかったりするのは全く殺生なことである．私も老いてきたので一言いっておきたい．

$1+1$ 次元における Lorentz 変換のいろいろな形

目的に応じて $1+1$ 次元における Lorentz 変換を種々の形に書いておくと便利なので以下にそれを表にしておく. 次の $(1)(2)(3)(4)$ の場合, いずれも

$$x'^2 - x_0'^2 = x^2 - x_0^2 \tag{C.1}$$

が成り立っている.

(1)　$x' = (x - \beta x_0)/\sqrt{1-\beta^2}$
$\quad\ x_0' = (x_0 - \beta x)/\sqrt{1-\beta^2}$

$$\beta \equiv \frac{V}{c}$$

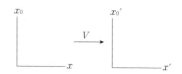

(2)　$x' = x \cosh\chi - x_0 \sinh\chi$
$\quad\ x_0' = x_0 \cosh\chi - x \sinh\chi$
$\quad\ \tanh\chi \equiv \beta$

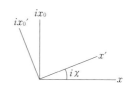

(3)　$x' = (x\cos\alpha - x_0\sin\alpha)/\sqrt{\cos 2\alpha}$
$\quad\ x_0' = (x_0\cos\alpha - x\sin\alpha)/\sqrt{\cos 2\alpha}$
$\quad\ \tan\alpha \equiv \beta$

$$\left(-\frac{\pi}{4} < \alpha < \frac{\pi}{4}\right)$$

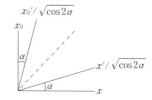

(4)　$x' = \{x\sin(\alpha_0+\alpha_0') - x_0\sin(\alpha_0-\alpha_0')\}/\sqrt{\sin 2\alpha_0 \sin 2\alpha_0'}$

　　　$x_0' = \{x_0\sin(\alpha_0+\alpha_0') - x\sin(\alpha_0-\alpha_0')\}/\sqrt{\sin 2\alpha_0 \sin 2\alpha_0'}$

　　　$\dfrac{\sin(\alpha_0-\alpha_0')}{\sin(\alpha_0+\alpha_0')} = \beta$

　　　$\left(-\dfrac{\pi}{4} < \alpha_0 < \dfrac{\pi}{4}\right)$

　　　$\left(-\dfrac{\pi}{4} < \alpha_0' < \dfrac{\pi}{4}\right)$

いろいろな parameters は次のように対応している.

(1)	β	$\beta/\sqrt{1-\beta^2}$	$1/\sqrt{1-\beta^2}$
(2)	$\tanh\chi$	$\sinh\chi$	$\cosh\chi$
(3)	$\tan\alpha$	$\dfrac{\sin\alpha}{\sqrt{\cos 2\alpha}}$	$\dfrac{\cos\alpha}{\sqrt{\cos 2\alpha}}$
(4)	$\dfrac{\sin(\alpha_0-\alpha_0')}{\sin(\alpha_0+\alpha_0')}$	$\dfrac{\sin(\alpha_0-\alpha_0')}{\sqrt{\sin 2\alpha_0 \sin 2\alpha_0'}}$	$\dfrac{\sin(\alpha_0+\alpha_0')}{\sqrt{\sin 2\alpha_0 \sin 2\alpha_0'}}$

3+1 次元の Lorentz 変換

3+1 次元における一般の Lorentz 変換は 6 個の parameters を含んでいる．これらの parameter は 1，2，3 軸方向への Lorentz boosts と 1-2，2-3，3-1 平面内の回転に分けて考えることができる．それらの $a_{\mu\nu}$ をそれぞれ $a_{\mu\nu}^{14}$, $a_{\mu\nu}^{24}$, $a_{\mu\nu}^{34}$, $a_{\mu\nu}^{12}$, $a_{\mu\nu}^{23}$, $a_{\mu\nu}^{31}$ とすると具体的な形は次のようになる．

$a_{\mu\nu}$ の例

$$
a_{\mu\nu}^{14} =
\begin{bmatrix}
1/\sqrt{1-\beta_1^2} & 0 & 0 & i\beta_1/\sqrt{1-\beta_1^2} \\
0 & 1 & 0 & 0 \\
0 & 0 & 1 & 0 \\
-i\beta_1/\sqrt{1-\beta_1^2} & 0 & 0 & 1/\sqrt{1-\beta_1^2}
\end{bmatrix}
\qquad
\begin{cases}
x_1' = (x_1-\beta_1 x_0)/\sqrt{1-\beta_1^2} \\
x_2' = x_2,\ x_3' = x_3 \\
x_0' = (x_0-\beta_1 x_1)/\sqrt{1-\beta_1^2}
\end{cases}
$$

$$
a_{\mu\nu}^{24} =
\begin{bmatrix}
1 & 0 & 0 & 0 \\
0 & 1/\sqrt{1-\beta_2^2} & 0 & i\beta_2/\sqrt{1-\beta_2^2} \\
0 & 0 & 1 & 0 \\
0 & -i\beta_2/\sqrt{1-\beta_2^2} & 0 & 1/\sqrt{1-\beta_2^2}
\end{bmatrix}
\qquad
\begin{cases}
x_1' = x_1,\ x_3' = x_3 \\
x_2' = (x_2-\beta_2 x_0)/\sqrt{1-\beta_2^2} \\
x_0' = (x_0-\beta_2 x_2)/\sqrt{1-\beta_2^2}
\end{cases}
$$

$$
a_{\mu\nu}^{34} =
\begin{bmatrix}
1 & 0 & 0 & 0 \\
0 & 1 & 0 & 0 \\
0 & 0 & 1/\sqrt{1-\beta_3^2} & i\beta_3/\sqrt{1-\beta_3^2} \\
0 & 0 & -i\beta_3/\sqrt{1-\beta_3^2} & 1/\sqrt{1-\beta_3^2}
\end{bmatrix}
\qquad
\begin{cases}
x_1' = x_1,\ x_2' = x_2 \\
x_3' = (x_3-\beta_3 x_0)/\sqrt{1-\beta_3^2} \\
x_0' = (x_0-\beta_3 x_3)/\sqrt{1-\beta_3^2}
\end{cases}
$$

$$
a_{\mu\nu}^{12} =
\begin{bmatrix}
\cos\theta_3 & \sin\theta_3 & 0 & 0 \\
-\sin\theta_3 & \cos\theta_3 & 0 & 0 \\
0 & 0 & 1 & 0 \\
0 & 0 & 0 & 1
\end{bmatrix}
\qquad
\begin{cases}
x_1' = x_1\cos\theta_3 + x_2\sin\theta_3 \\
x_2' = -x_1\sin\theta_3 + x_2\cos\theta_3 \\
x_3' = x_3,\ x_0' = x_0
\end{cases}
$$

$$
a_{\mu\nu}^{23} =
\begin{bmatrix}
1 & 0 & 0 & 0 \\
0 & \cos\theta_1 & \sin\theta_1 & 0 \\
0 & -\sin\theta_1 & \cos\theta_1 & 0 \\
0 & 0 & 0 & 1
\end{bmatrix}
\qquad
\begin{cases}
x_1' = x_1,\ x_0' = x_0 \\
x_2' = x_2\cos\theta_1 + x_3\sin\theta_1 \\
x_3' = -x_2\sin\theta_1 + x_3\cos\theta_1
\end{cases}
$$

$$_{31}\ a_{\mu\nu} = \begin{bmatrix} \cos\theta_2 & 0 & \sin\theta_2 & 0 \\ 0 & 1 & 0 & 0 \\ -\sin\theta_2 & 0 & \cos\theta_2 & 0 \\ 0 & 0 & 0 & 1 \end{bmatrix} \quad \begin{cases} x_1{}' = x_1\cos\theta_2 + x_3\sin\theta_2 \\ x_3{}' = -x_1\sin\theta_2 + x_3\cos\theta_2 \\ x_2{}' = x_2 \\ x_0{}' = x_0 \end{cases}$$

Hermitian な Lorentz 変換

第 IV 章 §4 の終わりに，Lorentz boost について一般的なことを議論した．純 Lorentz boost の特徴は変換係数が

$$a_{i4} + a_{4i} = 0 \tag{E.1}$$

を満たすことであった．また，係数 a_{ij} の方は，式 (IV.4.7) に見られるように，boost では

$$a_{ij} = a_{ji} \tag{E.2}$$

を満たしている．ここでは，条件 (E.1) を課し，a_{i4} が恒等的に 0 でないとすると (E.2) の方は自動的に満たされ，Lorentz 変換は boost に限られるということを証明しておく．

【定理】 Lorentz 変換の係数 $a_{\mu\nu}$ が

$$a_{i4} = -a_{4i} \neq 0 \tag{E.3}$$

でかつ

$$a_{i4} \longrightarrow 0 \tag{E.4}$$

の極限で，単位変換になるときは，$a_{\mu\nu}$ は純 boost で

$$a_{ij} = \delta_{ij} + (\gamma - 1)\beta_i\beta_j/\beta^2 \tag{E.5a}$$

$$a_{i4} = -a_{4i} = i\beta_i\gamma \tag{E.5b}$$

$$a_{44} = \gamma \tag{E.5c}$$

に限られる．ただし

$$\gamma = (1 - \beta^2)^{-1/2} \tag{E.5d}$$

$$\beta_i = v_i/c \tag{E.5e}$$

【証明】 Lorentz 変換の条件を空間と時間に分けて書くと

$$a_{ij}a_{ik} + a_{4j}a_{4k} = \delta_{jk} \tag{E.6a}$$

$$a_{ij}a_{i4} + a_{4j}a_{44} = 0 \tag{E.6b}$$

$$a_{i4}a_{i4} + a_{44}a_{44} = 1 \tag{E.6c}$$

である．これら 10 個の方程式が，16 個の未知量 $a_{\mu\nu}$ の上に成り立っている．ところが，条件 (E.3) を課すると，未知量の数は 13 個に減るから，結局 3 個

の自由度が残る．この 3 個の自由度の物理的意味をはっきりさせるために，まず，ダッシュのつかない座標系のダッシュのついた方に対する速度を v_i' とすると

$$\frac{v_i'}{c} = \frac{dx_i'}{dx_0'}\bigg|_{dx_i = 0} = ia_{i4}/a_{44} \qquad \text{(E.7)}$$

一方，ダッシュのついた方の座標系のダッシュのつかない方の座標系における速度 v_i は

$$\frac{v_i}{c} = \frac{dx_i}{dx_0}\bigg|_{dx_{i'} = 0} = ia_{4i}/a_{44} \qquad \text{(E.8)}$$

である．したがって，条件 (E.3) は

$$v_i' = -v_i \qquad \text{(E.9)}$$

を意味する．

　式 (E.8) を (E.6c) に代入すると直ちに

$$a_{44} = (1-\beta^2)^{-1/2} \qquad \text{(E.10)}$$

が得られる*．したがって (E.8)(E.3) から

$$a_{i4} = -a_{4i} = i\beta_i\gamma \qquad \text{(E.11)}$$

となる．

　次に，(E.6b) の転置をとると

$$a_{4i}a_{ji} + a_{44}a_{j4} = 0 \qquad \text{(E.12)}$$

この式と (E.6b) を加えて再び (E.3) を用いると

$$(a_{ij}-a_{ji})a_{i4} = 0 \qquad \text{(E.13)}$$

となる．仮定により a_{i4} は恒等的に 0 ではなく (E.11) で表わされるから，a_{ij} は対称でなければならない．つまり

$$a_{ij} = a_{ji} \qquad \text{(E.14)}$$

そこで

$$a_{ij} = a\delta_{ij} + b\beta_i\beta_j/\beta^2 \qquad \text{(E.15)}$$

とおいて (E.6a)(E.6b) を用いると

$$a_{ij}a_{ik} = a^2\delta_{jk} + (2ab+b^2)\beta_j\beta_k/\beta^2$$

---

*　$a_{44} = -(1-\beta^2)^{-1/2}$ の方は $\beta \to 0$ で単位変換にならないから捨てた．

$$= \delta_{jk} + \beta_j \beta_k \gamma^2 \tag{E.16a}$$

$$a_{ij}\beta_i = (a+b)\beta_j = \beta_j\gamma \tag{E.16b}$$

したがって,

$$a^2 = 1 \tag{E.17a}$$

$$2ab+b^2 = (a+b)^2 - a^2 = \beta^2\gamma^2 \tag{E.17b}$$

$$a+b = \gamma \tag{E.17c}$$

$\beta \to 0$ で単位変換になるということから

$$a = 1 \tag{E.18a}$$

$$b = \gamma - 1 \tag{E.18b}$$

となり,結局式(E.5)が得られる.

（証明おわり）

　上の証明で注意すべき点は,いったん（E.3)の条件を置くと a_{ij} は対称なものに限られるという点である.回転の入る余地は全然なくなる.

　このように純 boost は hermite な変換 $a_{\mu\nu} \equiv A$ で表わされる.2個の hermite な演算子 A と B の積 AB は,A と B が交換可能でない限り hermite ではない.したがって,交換可能でない boost を2度続けて行うと,純 boost でなく回転が混ざることになる.

Thomas の首振り運動（precession）

いま，ある惰性系 S から別の惰性系 S′ への boost

$$a_{ij} = \delta_{ij} + \frac{1}{\beta^2}(\gamma - 1)\beta_i \beta_j \tag{F.1a}$$

$$a_{i4} = -a_{4i} = i\beta_i \gamma \tag{F.1b}$$

$$a_{44} = \gamma \tag{F.1c}$$

を考えよう．これにさらに惰性系 S′ から惰性系 S″ への無限小 boost

$$a_{\mu\nu}{}' = \delta_{\mu\nu} + \varepsilon_{\mu\nu} \tag{F.2a}$$

$$\varepsilon_{ij} = 0 \tag{F.2b}$$

$$\varepsilon_{i4} = -\varepsilon_{4i} = i\beta_i' \tag{F.2c}$$

を行う．ただし，β_i' は系 S′ の S″ に対する無限小の速度 $(\div c)$ である．この 2 つの合成変換，すなわち S から S″ への変換は

$$b_{\mu\nu} = (\delta_{\mu\lambda} + \varepsilon_{\mu\lambda})a_{\lambda\nu} \tag{F.3}$$

であって，これを空間時間別々に書くと

$$b_{ij} = a_{ij} + \varepsilon_{i4} a_{4j} \tag{F.4a}$$

$$b_{i4} = a_{i4} + \varepsilon_{i4} a_{44} \tag{F.4b}$$

$$b_{4i} = a_{4i} + \varepsilon_{4k} a_{ki} \tag{F.4c}$$

$$b_{44} = a_{44} + \varepsilon_{4k} a_{k4} \tag{F.4d}$$

となる．これに（F.1）（F.2）を代入すると

$$
\begin{aligned}
b_{i4} + b_{4i} &= a_{i4} + a_{4i} + \varepsilon_{i4} a_{44} + \varepsilon_{4k} a_{ki} \\
&= \varepsilon_{i4} a_{44} + \varepsilon_{4k} a_{ki} \\
&= i\beta_i' \gamma - i\beta_k' \left(\delta_{ki} + \frac{1}{\beta^2}(\gamma - 1)\beta_k \beta_i \right) \\
&= i\beta_i'(\gamma - 1) + i(1 - \gamma)\frac{1}{\beta^2}\beta_k \beta_k' \beta_i \\
&= i(1 - \gamma)\frac{1}{\beta^2}(\beta_i \beta_k' - \beta_k \beta_i')\beta_k
\end{aligned}
\tag{F.5}
$$

が得られるが，これは，β_i や β_k' が恒等的に 0 でない限り

$$\beta_i \,/\!/\, \beta_i' \tag{F.6}$$

のときに限り 0 となる．これはすでに本文（p. 125）で議論したことで，β_i と β_i' とが平行でなければ合成変換には必ず回転が入ってくる．この回転（これは無限小）を決めるために，

$$\alpha_{ij} b_{j4} = -b_{4i} \tag{F.7a}$$

$$\alpha_{ij} \equiv \delta_{ij} + \eta_{ij} \qquad (\eta_{ij} + \eta_{ji} = 0) \tag{F.7b}$$

とおくと（F.5）から

$$\eta_{ij} a_{j4} = -(b_{i4} + b_{4i})$$

$$= -i(1-\gamma)\frac{1}{\beta^2}(\beta_i\beta_j' - \beta_j\beta_i')\beta_j \tag{F.8}$$

が得られるから（F.1b）を考慮すると

$$\eta_{ij} = (1-\gamma^{-1})(\beta_i\beta_j' - \beta_j\beta_i')/\beta^2 \tag{F.9}$$

となる．これは β と β' に直角な方向を軸としての回転であることを示している．

いま，惰性系 S'' における S の速度を W_i'' とすると

$$\frac{W_i''}{c} = \frac{dx_i''}{dx_0''}\bigg|_{dx_i = 0} = ib_{i4}/b_{44}$$

$$= -\{\beta_i + \beta_i' - \beta_i(\boldsymbol{\beta}\cdot\boldsymbol{\beta}')\} \tag{F.10}$$

一方，惰性系 S における S'' の速度を W_i とすると，

$$\frac{W_i}{c} = \frac{dx_i}{dx_0}\bigg|_{dx_{i''} = 0} = ib_{4i}/b_{44}$$

$$= \beta_i + \{\beta_i' + \beta_i(\boldsymbol{\beta}\cdot\boldsymbol{\beta}')(\gamma^{-1}-1)/\beta^2\}\gamma^{-1} \tag{F.11}$$

である．容易に示されるように W_i'' と W_i とは

$$\alpha_{ij} W_j'' = -W_i \tag{F.12}$$

で結ばれている．なお，系 S'' の系 S' における速度 β_i' を惰性系 S で測ったものを $d\boldsymbol{\beta}$ とすると（これは無限小）

$$d\boldsymbol{\beta} \equiv \boldsymbol{W}/c - \boldsymbol{\beta}$$

$$= \{\boldsymbol{\beta}' + \boldsymbol{\beta}(\boldsymbol{\beta}\cdot\boldsymbol{\beta}')(\gamma^{-1}-1)/\beta^2\}\gamma^{-1} \tag{F.13}$$

である．

ところで，量（F.9）から回転の vector

$$\Omega_i = -\frac{1}{2}\varepsilon_{ijk}\eta_{jk}$$

$$= -(1-\gamma^{-1})(\boldsymbol{\beta}\times\boldsymbol{\beta}')_i/\beta^2 \qquad (F.14)$$

を定義し（F.13）をこの式の右辺に代入して $\boldsymbol{\beta}'$ を消去すると

$$\Omega = (1-\gamma)(\boldsymbol{\beta}\times d\boldsymbol{\beta})/\beta^2 \qquad (F.15)$$

となる．

　さて，ある惰性系 S において，粒子の運動をながめるとしよう．粒子の運動に沿ってそれを Lorentz boost で追っかけていくことができるが，前にも言ったように，boost を重ね合わせると結果は純 boost ではなく，回転が入ってくる．つまり粒子は惰性系 S において（F.15）で示されるように粒子の速度と速度の変化の vector と直角方向を軸として回転することになる．これを **Thomas の首ふり運動**（precession）という．

　量 Ω から回転の速度 $\boldsymbol{\omega}$ を

$$\Omega = \boldsymbol{\omega}dt \qquad (F.16)$$

で定義すると

$$d\boldsymbol{\beta} = \dot{\boldsymbol{\beta}}dt \qquad (F.17)$$

と書いたとき

$$\boldsymbol{\omega} = (1-\gamma)(\boldsymbol{\beta}\times\dot{\boldsymbol{\beta}})/\beta^2 \qquad (F.18)$$

となる．

参　考　書

1) 有山正孝, 振動・波動, 裳華房（1970）
2) Dirac, P. A. M., 一般相対性理論, 江沢　洋訳, 東京図書（1977）
3) 藤井保憲, 時空と重力, 産業図書（1979）
4) 藤原松三郎, 行列及び行列式　改訂版, 岩波書店（1961）
5) Hayakawa, S., *Cosmic Ray Physics*, John-Wiley & Sons, New York（1969）
6) 平川浩正, 電気力学, 培風館（1973）
7) 前原昭二, 線形代数と特殊相対論（数学セミナー増刊）, 日本評論社（1981）
8) Møller, C., *The Theory of Relativity*, Oxford（1952）
9) 西島和彦, 相対論的量子力学, 培風館（1973）
10) 大貫義郎, ポアンカレ群と波動方程式, 岩波書店（1976）
11) Seelig, C., アインシュタインの生涯, 広重　徹訳, 東京図書（1957）
12) Synge, J. L., *Relativity: the special theory*, North-Holland. Amsterdam（1965）
13) 高橋　康, 古典場から量子場への道, 講談社（1979）
14) 高橋　康, 量子場を学ぶための場の解析力学入門, 講談社（1982）
15) 朝永振一郎, スピンはめぐる, 中央公論社（1974）
16) 内山龍雄, 相対性理論入門, 岩波新書（1978）
17) Whittaker, E. T., エーテルと電気の歴史, 霜田光一, 近藤都登訳, 講談社（1976）
18) 山本祐靖, 高エネルギー物理学, 培風館（1973）
19) 素粒子論研究会編, 素粒子論の研究Ⅳ：原子核・宇宙線の実験, 菊池正士, 実験者の立場から, 岩波書店（1954）

索引 index

196

欧文索引

著者紹介

高橋　康

1923 年生まれ．1951 年名古屋大学理学部卒業．フルブライト奨学生として 1954 年に渡米，ロチェスター大学助手．理学博士．アイオワ州立大学，ダブリン高等研究所を経て，1968 年アルバータ大学教授．1991年よりアルバータ大学名誉教授．場の量子論における「ワード-高橋恒等式」の研究により，2003 年日本物理学会素粒子メダルを受賞．著書多数．2013 年逝去．

NDC421　207p　　21cm

初等相対性理論　新装版

2023 年 5 月 23 日　第 1 刷発行

著　者	高橋　康	
発行者	髙橋明男	
発行所	株式会社　講談社	

〒112-8001　東京都文京区音羽 2-12-21
販売　(03)5395-4415
業務　(03)5395-3615

KODANSHA

編　集　株式会社　講談社サイエンティフィク

代表　堀越俊一

〒162-0825　東京都新宿区神楽坂 2-14　ノービィビル
編集　(03)3235-3701

印刷所　株式会社　精興社

製本所　大口製本印刷　株式会社

ISBN978-4-06-531477-7